PUTONG GAODENG YUANXIAO
JIXIELEI SHISANWU GUIHUA JIAOCAI
普通高等院校机械类"十三五"规划教材

机械基础实验教程

JIXIE JICHU SHIYAN JIAOCHENG

主　编　拓耀飞

副主编　曹金玲　孙志勇　刘建勃

U0334380

西南交通大学出版社
·成都·

图书在版编目（CIP）数据

机械基础实验教程／拓耀飞主编. —成都：西南
交通大学出版社，2016.9
普通高等院校机械类"十三五"规划教材
ISBN 978-7-5643-5061-1

Ⅰ. ①机… Ⅱ. ①拓… Ⅲ.①机械学－实验－高等学
校－教材 Ⅳ. ①TH11-33

中国版本图书馆 CIP 数据核字（2016）第 228826 号

普通高等院校机械类"十三五"规划教材

机械基础实验教程

主编 拓耀飞

责 任 编 辑	李芳芳
特 邀 编 辑	刘亚萍
封 面 设 计	何东琳设计工作室
出 版 发 行	西南交通大学出版社 （四川省成都市二环路北一段 111 号 西南交通大学创新大厦 21 楼）
发 行 部 电 话	028-87600564　028-87600533
邮 政 编 码	610031
网 址	http://www.xnjdcbs.com
印 刷	四川森林印务有限责任公司
成 品 尺 寸	185 mm×260 mm
印 张	9.25
字 数	230 千
版 次	2016 年 9 月第 1 版
印 次	2016 年 9 月第 1 次
书 号	ISBN 978-7-5643-5061-1
定 价	26.00 元

课件咨询电话：028-87600533
图书如有印装质量问题　本社负责退换
版权所有　盗版必究　举报电话：028-87600562

前　言

　　"机械基础实验"是高等院校机械类及近机械类专业开设的一门技术基础实验课程，该课程在整个教学体系中占有重要地位，它对于培养学生分析问题和解决问题的能力以及创新思维具有重要的作用和意义。近年来，伴随高校教学体系的改革，为加强实验教学和学生能力培养，一些院校将实验课从原来的理论课程中独立出来，单独设为一门课程。为了适应这种改革，有必要编写一本与实验相配合的实验教材，以期对学生的实验内容、实验方法等进行全面指导，从而切实提高学生分析问题、解决问题的能力和实验操作技能。基于此，编写组在认真总结多年实验教学的基础上，编写了本教材。

　　本书涵盖机械原理、机械设计和工程力学实验，所开设的实验均是这些课程较为经典的实验。本书在编写过程中，立足于应用型本科院校的人才培养目标，注重培养学生创新、应用的能力以及分析问题和解决问题的能力。每个实验均涉及了预备知识、实验目的、实验设备及仪器、实验原理与内容、实验步骤、注意事项、思考题和实验报告样式等八个方面的内容。这些内容的安排，保证了每个实验内容都能成为一个完整的体系，对于相关知识体系的构建、分析和解决问题能力的培养、实验的正确操作和实验过程中设备和人员的安全保障具有重要作用。

　　本书可作为普通高等院校应用型本科机械类、近机械类专业的机械基础实验教材，也可供有关教师、工程技术人员和科研人员参考。

　　本书是榆林学院机械设计及其自动化特色专业和专业综合改革试点建设的最新成果，本书的出版得到了榆林学院教材出版专项经费支助。本书由拓耀飞担任主编，曹金玲、孙志勇、刘建勃担任副主编。参与本书编写的有：拓耀飞（绪论、实验六～实验十）、曹金玲（实验一～实验四、实验十四～实验十八）、孙志勇（实验十一、十二、十三）、刘建勃（实验五）。全书由刘建勃统稿。

　　本书在编写过程中，参阅了以往的同类教材、相关文献和实验设备资料，在此特向有关作者表示衷心的感谢。

　　由于编者水平有限，书中难免有不足之处，恳请读者批评指正。

编　者

2016 年 5 月

目　录

绪　论

一、机械基础实验的重要性

实验一般是指根据一定的目的，运用相关的仪器设备，在人为控制条件下，模拟自然现象来进行研究和分析，从而认识自然界事物本质和规律的方法。在科学技术飞速发展的今天，实验在科技发展中的地位和作用更为明显，许多高科技成果，无一例外都是通过实验获得的，因此，实验已成为自然科学理论的直接基础。

实验作为理工科教学活动的重要组成部分，对于促进学生进一步理解课堂所学理论知识，掌握科学的研究方法，培养学生实验技能和创新能力方面，具有十分重要的地位和作用。特别是在应用型人才的培养中，实验的地位和作用更加突出。

机械基础实验是根据机械原理、机械设计和工程力学等机械基础类课程教学大纲对学生实践能力的培养要求开设的。该课程是工科院校机类和近机类专业学生一门重要的技术基础课，开设该实验课程对于培养学生分析问题和解决问题的能力以及创新思维具有重要的作用和意义。

二、机械基础实验课程的性质和任务

机械基础实验是培养学生具有初步的实验设计能力、基本参数测定和相关测试仪器操作能力和实验分析能力的技术基础课程，是机械基础类课程教学的重要实践性教学环节之一，它是深化感性认识、理解抽象概念、应用基础理论的重要途径。

课程的任务主要是培养学生以下几个方面的技能与素质：

（1）熟悉机械工程领域基础实验的常用工具、仪器和设备的工作原理，掌握相关工具、仪器和设备的使用方法和操作技能。

（2）掌握机械基础各个基本实验的实验原理、方法、调试技术、测试技术、数据采集和误差分析等基本理论和基本技能。

（3）培养严格遵守实验操作规程的工作素质，养成不怕困难、敢于创新和实事求是的科学态度。

（4）养成善于观察、分析事物和现象的良好习惯，培养自我学习、开展实验研究和设计实验的能力。

（5）培养良好的表达能力、独立工作能力和团队合作精神。

三、机械基础实验课程的主要内容

机械基础实验课程主要包括机械原理、机械设计、工程力学课程的相关实验。不同专业的学生可根据情况选择相应的实验内容。

实验课程中的实验分为基本实验和综合实验两大类。基本实验主要是一些传统的典型的验证性实验。这类实验所占比重相对较大，主要是加深和巩固学生对所学知识的理解，培养学生基本的实验操作技能。综合性实验要求学生能综合应用多门理论课程的知识，根据预定的实验目标，利用所提供的仪器设备，进行实验设计并完成数据测试和分析报告。此类实验的主要目的在于鼓励学生发挥想象力、创造力，提出实验的新思路和新方法，从而培养学生分析问题、解决问题的能力和创造精神。

课程中关于机械原理实验包括机构认知实验、机构运动简图测绘实验、渐开线齿轮范成原理实验、刚性转子动平衡实验和机构运动创新设计实验等5个实验；机械设计实验主要包括皮带传动实验、减速器拆装实验和机械传动性能综合测试实验等5个实验；工程力学实验开设了金属材料拉伸实验、金属材料压缩实验、金属材料扭转实验和薄壁圆筒在弯扭组合变形下主应力测定实验等8个实验。

四、机械基础实验课程对学生的要求

（1）实验前要做好本次实验的预习工作，要对实验目的、原理与内容、仪器设备的操作使用等方面认真学习。

（2）在实验的过程当中，要遵守实验室的各种规章制度，不要做与实验无关的事情。

（3）实验前要对实验设备进行详细的检查，实验做完后要及时切断电源，将仪器设备工具等整理摆放好，发现丢失或损坏应立即报告。

（4）遵守仪器设备的操作规程，注意人身和设备的安全。学生不严格遵守安全操作规程、造成他人或自身受到伤害的，由本人承担责任；造成仪器损坏的应按照有关规定进行赔偿。

（5）实验前后认真填写实验签到表、实验运行记录表、设备使用记录表，实验完毕后离开实验室前，由指导老师在数据记录纸上签字后方可离开。

（6）实验完毕后要保持工作台面干净整洁并要搞好实验室卫生。

五、学习方法

（1）实验前一定要认真做好实验的预习，做到理解实验原理、熟悉实验步骤、掌握操作要领、领会注意事项，要对整个实验做到心中有数。

（2）实验时，在切实掌握操作方法和步骤的基础上，自己动手完成实验，以培养动手能力和提高操作技能。

（3）要带着预习时的问题进行实验，实验时要仔细观察实验现象，有意识地对实验过程中发现的问题和现象进行思考，以提高分析、解决问题的能力。

（4）要善于和同组的同学共同配合完成实验，以培养团队合作精神。

（5）实验完毕后要认真撰写实验报告，通过对实验过程和实验结果的分析和总结，不断提升自己的表达能力。

第一部分

机械原理实验

机械原理实验是机械原理课程的重要实践性环节，通过实验不仅可以验证课堂所学理论、加深对理论知识的理解，而且可以培养学生的动手能力、观察分析能力和勇于探索的创新精神。

本部分共包含 5 个实验，具体有机构认知实验、机构运动简图的测绘实验、齿轮范成实验、刚性转子的动平衡实验和机构运动创新设计实验。该部分实验能帮助学生理解课程内容，同时要求学生综合运用所学知识完成实验要求。

实验一　机构认知实验

一、预备知识

"机械原理"的研究对象是"机械"，机械是机器和机构的总称。机器是由各种各样的机构组成，机构是机器的运动部分，即剔除了与运动无关的因素而抽象出来的运动模型。《机械原理》是研究机械的课程，它是以《高等数学》《普通物理》《机械制图》和《理论力学》等课程为基础的一门课程，旨在通过机构认知了解常用机构的组成、运动转换形式以及在实际机械中的应用情况，从而为后续课程的学习打下坚实的基础。

二、实验目的

（1）配合课堂教学及课程进度，为学生展示大量丰富的实际机械、机构模型、机电一体化设备及创新设计实例，使学生对实际机械系统增加感性认识，加深对所学知识的理解，初步了解《机械原理》课程所研究的各种常用机构的结构、类型、特点及应用实例。

（2）开阔眼界，拓宽思路，启迪学生的创造性思维并激发学生创新的欲望，培养学生最基本的观察能力、动手能力和创造能力。

三、实验设备及仪器

机械原理陈列柜如图 1-1 所示。

图 1-1　机械原理陈列柜

四、实验原理与内容

1．对机器的认识

通过实物模型和机构的观察，学生可以认识到机器是由一个机构或几个机构按照一定运动要求组合而成的，所以只要掌握各种机构的运动特性，再去研究任何机器的特性就不困难了。在机械原理中，运动副是以两构件的直接接触形式的可动连接及运动特征来命名的，如高副、低副、转动副、移动副等。

2．平面四杆机构

平面连杆机构中结构最简单、应用最广泛的是四杆机构。四杆机构分成三大类：铰链四杆机构、单移动副机构和双移动副机构。

（1）铰链四杆机构：分为曲柄摇杆机构、双曲柄机构、双摇杆机构，即根据两连架杆为曲柄或摇杆来确定。

（2）单移动副机构：它是以一个移动副代替铰链四杆机构中的一个转动副演化而成的，可分为曲柄滑块机构、曲柄摇块机构、转动导杆机构及摆动导杆机构等。

（3）双移动副机构：它是带有两个移动副的四杆机构，把它们倒置也可得到：曲柄移动导杆机构、双滑块机构及双转块机构。

3．凸轮机构

凸轮机构常用于把主动构件的连续运动，转变为从动件严格地按照预定规律的运动。只要适当设计凸轮轮廓线，便可以使从动件获得任意的运动规律。由于凸轮机构结构简单、紧凑，因此广泛应用于各种机械、仪器及操纵控制装置中。

凸轮机构主要由三部分组成：凸轮（它有特定的廓线）、从动件（它由凸轮轮廓线控制）及机架。

凸轮机构的类型较多，学生在参观这部分时应了解各种凸轮的特点和结构，找出其中的共同特点。

4. 齿轮机构

齿轮机构是现代机械中应用最广泛的一种传动机构。它具有传动准确、可靠、运转平稳、承载能力大、体积小、效率高等优点，广泛应用于各种机器中。根据轮齿的形状齿轮分为：直齿圆柱齿轮、斜齿圆柱齿轮、圆锥齿轮及蜗轮、蜗杆。根据主、从动轮的两轴线相对位置，齿轮传动分为平行轴传动、相交轴传动、交错轴传动三大类。

（1）平行轴传动的类型：外、内啮合直齿轮机构、斜齿圆柱齿轮机构、人字齿轮机构、齿轮齿条机构等。

（2）相交轴传动的类型：圆锥齿轮机构，轮齿分布在一个截锥体上，两轴线夹角常为90°。

（3）交错轴传动的类型：螺旋齿轮机构、圆柱蜗轮蜗杆机构、弧面蜗轮蜗杆机构等。

在参观这部分时，学生应注意了解各种机构的传动特点、运动状况及应用范围等。

齿轮基本参数有齿数 z、模数 m、分度圆压力角 α、齿顶高系数 h_a^*、顶隙系数 $c*$ 等。

参观这部分时，学生需要掌握：什么是渐开线，渐开线是如何形成的，什么是基圆和渐开线发生线，并注意观察基圆、发生线、渐开线三者间关系，从而得出渐开线有什么性质。

再就观察摆线的形成，要了解什么是发生圆，什么是基圆，动点在发生圆上位置发生变化时，能得到什么样轨迹的摆线。

同时还要通过参观总结出：齿数、模数、压力角等参数变化对齿形有何影响。

5. 周转轮系

通过各种类型周转轮系的动态模型演示，学生应该了解什么是定轴轮系，什么是周转轮系；根据自由度不同，周转轮系又分为行星轮系和差动轮系，它们有什么差异和共同点；差动轮系为什么能将一个运动分解为两个运动或将两个运动合成为一个运动。

周转轮系的功用、形式很多，各种类型都有它自己的缺点和优点。在我们今后的应用中应如何避开缺点、发挥优点等都是需要学生实验后认真思考和总结的问题。

6. 其他常用机构

其他常用机构常见的有棘轮机构、摩擦式棘轮机构、槽轮机构、不完全齿轮机构、凸轮式间歇运动机构、万向节及非圆齿轮机构等。通过各种机构的动态演示，学生应知道各种机构的运动特点及应用范围。

7. 机构的串、并联

展柜中展示有实际应用的机器设备、仪器仪表的运动机构。从这里可以看出，机器都是由一个或几个机构按照一定的运动要求串、并联组合而成的。所以在学习机械原理课程中一定要掌握好各类基本机构的运动特性，才能更好地去研究任何机构（复杂机构）的特性。

五、注意事项

（1）注意人身安全；不要在实验室内跑动或打闹，以免被设备碰伤；特别应注意摇动设备时不要轧到自己或别人的手。

（2）爱护设备；摇动设备动作要轻，以免损坏设备；一般不要从设备或展台上拿下零件；若拿出零件，看完后应按原样复原，避免零件丢失。

（3）不要随便移动设备，以免受伤或损坏设备。

（4）注意卫生；禁止随地吐痰和乱扔杂物；禁止脚踩桌椅板凳。

（5）完成实验后，学生应将实验教室打扫干净，将桌椅物品摆放整齐。

六、思考题

（1）以一个机器模型为例，说明该机器由哪些机构组成，其基本工作原理是怎样的？

（2）铰链四杆机构的类型有哪些？就各种类型举出一个应用实例。

（3）凸轮机构的类型有哪些？

（4）轮系的类型？试举出 1~2 个实例，说明轮系在生产实践中的作用。

七、实验报告式样

实验一　机构认知实验报告

1．实验目的

2．实验设备及工具

3．写出实验中所观察的机构的名称

4．思考题

实验二　机构运动简图测绘实验

一、预备知识

从分析机构的组成可知，任何机构都是由许多构件通过运动副的连接构成的。这些组成机构的构件其外形和结构往往是非常复杂的，但决定机构各部分之间相对运动关系的是原动件的运动规律、运动副类型及运动副相对位置的尺寸，而不是构件的外形（高副机构的轮廓形状除外）、断面尺寸以及运动副的具体结构。因此，为了便于对机构进行分析或设计新机构，可以撇开构件、运动副的外形和具体结构，而只用简单的线条和符号来表示构件和运动副，然后按比例定出各运动副的位置，以此来表示机构的组成和运动情况。这种表示机构相对运动关系的简单图形称为机构运动简图。掌握机构运动简图的绘制方法是工程技术人员进行机构设计、机构分析、方案讨论和交流所必需的。

二、实验目的

（1）初步掌握根据实际机器或机构模型绘制机构运动简图的技能。

（2）验证和巩固机构自由度的计算方法。

三、实验设备及仪器

（1）若干个机构模型。

（2）自备三角尺、圆规、铅笔、橡皮和草稿纸等。

四、实验原理与内容

机构的运动简图是工程上常用的一种图形，是用符号和线条来清晰、简明地表达出机构的运动情况，使人对机器的动作一目了然。在机器中尽管各种机构的外形和功用各不相同，但只要是同种机构，其运动简图都是相同的。

机构的运动仅与机构所具有的构件数目和构件所组成的运动副的数目、类型、相对位置有关。因此，在绘制机构运动简图时，可以不考虑构件的复杂外形、运动副的具体构造，而用简单的线条和规定的符号（见表 1-1）来代表构件和运动副，并按一定的比例尺寸表示各运动副的相对位置，画出能准确表达机构运动特性的机构运动简图。

表 1-1 常用平面运动副符号

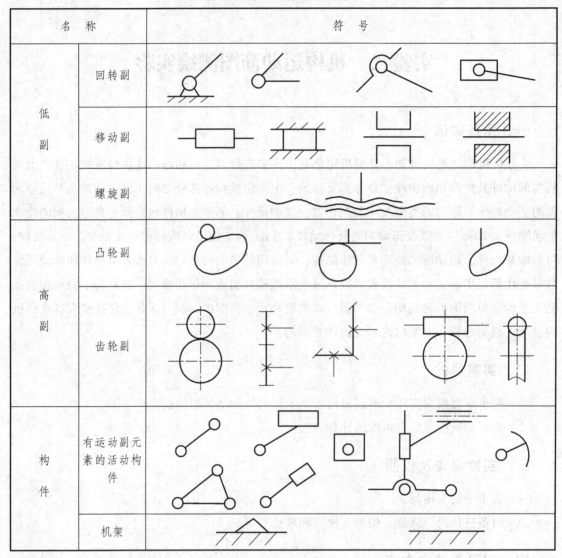

名　称		符　号
低副	回转副	
	移动副	
	螺旋副	
高副	凸轮副	
	齿轮副	
构件	有运动副元素的活动构件	
	机架	

五、实验方法与步骤

1. 分析机构的运动情况，判别运动副的性质

通过观察和分析机构的运动情况和实际组成，先搞清楚机构的原动部分和执行部分，使其缓慢运动，然后循着运动传递的路线，找出组成机构的构件，弄清各构件之间组成的运动副类型、数目及各运动副的相对位置。

2. 恰当地选择投影面

选择时应以能简单、清楚地把机构的运动情况表示清楚为原则，一般选机构中多数构件的运动平面为投影面，必要时也可以就机械的不同部分选择两个或多个投影面，然后展开到同一平面上。

3. 选择适当的比例尺

根据机构的运动尺寸，选择适当的比例尺 μ_1，使图面匀称，先确定出各运动副的位置（如转动副的中心位置、移动副的导路方位及高副接触点的位置等），并画上相应的运动副符号，然后用简单的线条和规定的符号画出机构运动简图，最后要标出构件号数、运动副的代号字母以及原动件的转向箭头。

4. 计算机构自由度并判断该机构是否具有确定运动

在计算机构自由度时要正确分析该机构中有几个活动构件、有几个低副和几个高副。并在图上指出机构中存在的局部自由度、虚约束及复合铰链，在排除了局部自由度和虚约束之后，再利用公式计算机构的自由度，检查计算的自由度数是否与原动件数目相等，以判断该机构是否具有确定运动。

例：图 1-2 所示为回转偏心泵机构，下面按照实验方法与步骤来绘制该机构的运动简图，并计算其自由度。

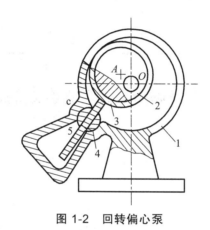

图 1-2　回转偏心泵

（1）观察该机构，找到原动件为偏心轮 2，偏心轮起着曲柄的作用，连杆 3 及转块 4 为从动件，偏心轮 2 相对机架 1 绕 O 点回转，并通过转动副连接带动连杆 3 运动，连杆 3 既有往复移动又有相对转动，转块 4 相对机架做往复转动。通过分析可知该机构共有 3 个活动构件和 4 个低副（3 个转动副、1 个移动副）。

（2）根据该机构的运动情况，可选择其运动平面（垂直于偏心轮轴线的平面）作为投影面。

（3）根据机构的运动尺寸，按照比例尺确定各运动副之间的相对位置；然后用简单的线条和规定的简图符号绘制出机构运动简图，如图 1-3 所示。

（4）从机构运动简图可知：活动构件数 $n = 3$，低副数 $P_1 = 4$，高副数 $P_h = 0$，故机构自由度 $F = 3n - 2P_1 - P_h = 3 \times 3 - 2 \times 4 - 0 = 1$，而该机构只有一个原动件，与机构的自由度数相同，所以该机构具有确定的运动。

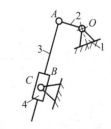

图 1-3　偏心泵机构简图

六、注意事项

（1）每人应按照上述方法完成至少两个机构的运动简图绘制及自由度计算。

（2）绘制运动简图时注意一个构件与其他构件用运动副相连的表达方法。

（3）绘制机构运动简图时注意高副中的滚子与转动副的区别，可以用稍大些的实心圆表示高副滚子，用稍小些的空心圆表示转动副。

（4）注意构件的尺寸，尤其是固定铰链之间的距离及其相互位置。

（5）注意运动简图的标注，包括构件序号、原动件、运动副字母等。

七、思考题

（1）一个正确的"机构运动简图"应能说明哪些内容？

（2）什么情况下机构中存在"死点"？应怎样避免？

（3）什么是复合铰链、局部自由度、虚约束？

八、实验报告式样

实验二 机构运动简图测绘实验报告

1. 实验目的

2. 实验设备及工具

3. 实验数据记录

序号	机构名称	机构运动简图	自由度计算
1		$\mu_1 =$	
2		$\mu_1 =$	

4．实验结果分析

（1）曲柄存在条件的验证：（如果所选机构不存在曲柄应加以说明）

（2）各机构由哪几部分组成：

5．思考题

实验三 渐开线齿轮范成原理实验

一、预备知识

现在齿轮齿廓的加工方法很多，有铸造法、热轧法、冲压法、模锻法和切制法等。目前最常用的是切制法。切制法中按照切齿原理的不同，又分为仿形法和范成法，其中范成法加工精度和生产率都比较高，是一种比较完善、应用广泛的切齿方法。范成法加工是利用一对齿轮（或齿轮和齿条）啮合时，其共轭齿廓互为包络的原理来切制齿轮的，常用的刀具有齿轮插刀、齿条插刀、齿轮滚刀等。

1. 齿轮插刀切制齿轮

图 1-4（a）为用齿轮插刀切制齿轮的情形。插刀形状与齿轮相似，但具有切削刃。插齿时，插刀一方面与被切齿轮按一定传动比做回转运动，另一方面被切齿轮轴线做上下往复的切削运动，这样插刀切削刃相对于轮坯的各个位置所形成的包络线[见图 1-4（b）]即为被切齿轮的轮廓。

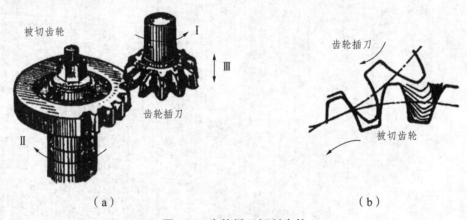

（a）   （b）

图 1-4 齿轮插刀切制齿轮

2. 齿条插刀切制齿轮

当齿轮插刀的齿数增加到无穷多时，其基圆半径变为无穷大，则齿轮插刀演变为齿条插刀，图 1-5（a）为用齿条插刀切制齿轮的情形。插刀形状与齿条相似[见图 1-5（b）]，但具有切削刃。刀具直线齿廓的倾斜角即为压力角，刀具顶部比正常齿条高出 c^*m，是为了使被切齿轮在啮合传动时具有顶隙。刀具上齿厚等于齿槽宽处的直线正好处于齿高中间位置，称为刀具中线。切制标准齿轮时，刀具中线相对于被切齿轮的分度圆做纯滚动，同时，刀具沿被切齿轮轴线做上下往复的切削运动。这样，插刀切削刃相对于轮坯的各个位置所形成的包络线[见图 1-5（c）]即为被切齿轮的轮廓。

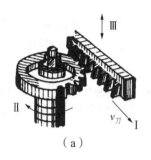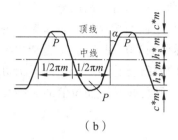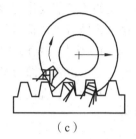

| （a） | （b） | （c） |

图 1-5 齿条插刀切制齿轮

3. 齿轮滚刀切制齿轮

用齿条刀具加工齿轮为断续切削，生产效率较低。图 1-6（a）是利用滚刀在滚齿机上切制齿轮的情形。滚刀外形类似于开出许多纵向沟槽的螺旋，其轴向剖面的齿形和齿条插刀相同[见图 1-6（b）]。切齿时，滚刀和被切齿轮分别绕各自轴线回转，此时滚刀就相当于一个假想齿条连续地向一个方向移动。同时滚刀还沿轮坯轴线方向缓慢移动，直至切出整个齿形。

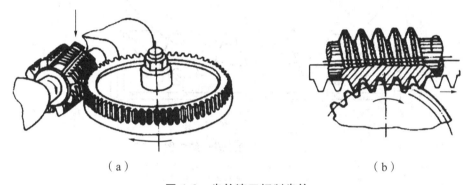

| （a） | （b） |

图 1-6 齿轮滚刀切制齿轮

二、实验目的

（1）掌握用范成法加工渐开线齿轮的基本原理，观察渐开线齿轮齿廓曲线的形成过程。
（2）了解渐开线齿轮齿廓的根切现象和用径向变位避免根切的方法。
（3）分析比较标准齿轮与变位齿轮齿形的异同。

三、实验设备及仪器

（1）齿轮范成仪。
（2）铅笔、橡皮（学生自备）、剪刀等。
实验所用的范成仪结构如图 1-7 所示，由机座 1、齿条刀 2、扇形盘 3、拖板 4、压力螺钉 5、调整螺钉 6、铜销钉 7 等组成。扇形盘可绕轴心 O 转动，扇形盘上装有扇形齿轮，溜板上装有齿条，它与扇形齿轮相啮合，在扇形齿轮的分度圆与溜板齿条的节线（分度线）上刻有数字，移动溜板时可看到它们一一对应，即表示齿轮的分度圆与齿条的节线（分度线）作纯滚动。把一个分度圆直径与扇形齿轮的分度圆直径相等的待加工齿轮的纸坯固连在扇形盘上，把齿条型刀具固连在溜板上，随着扇形齿轮与溜板齿条的啮合传动，轮坯的分度圆与齿条型刀具的某条节线作纯滚动。铜销钉 7 是用来固连纸坯，螺母 5 可把齿条刀具固连在溜板上，松开螺母后可调整刀具与轮坯的相对位置。如果齿条刀具的中线与轮坯的分度圆相切（此时刀具的标线与溜板两侧标尺的"0"线对齐），范成出标准齿轮的齿廓。如果改变齿条刀具与轮坯的相对位置，即刀具的中线与轮坯的分度圆不相切，有一段距离（距离 $x \cdot m$ 值可在溜板两侧的标尺上直接读出），则可按移距变位值的大小及方向分别范成出正变位齿轮或负变位齿轮。

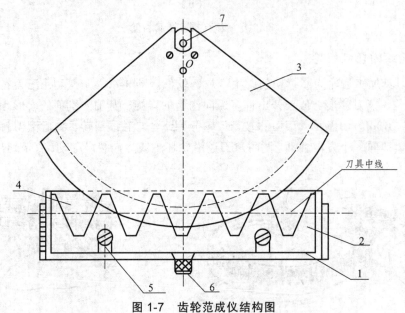

图 1-7　齿轮范成仪结构图

1—机座；2—齿条刀；3—扇形盘；4—拖板；
5—压力螺钉；6—调整螺钉；7—铜销钉

四、实验原理与内容

由齿轮啮合原理可知：一对渐开线齿轮（或齿轮和齿条）啮合传动时，两轮的齿廓曲线互为包络线。范成法就是利用这一原理来加工齿轮的。用范成法加工齿轮时，其中一轮为形同齿轮或齿条的刀具，另一轮为待加工齿轮的轮坯。刀具与轮坯都安装在机床上，在机床传动链的作用下，刀具与轮坯按齿数比作定传动比的回转运动，与一对齿轮（它们的齿数分别与刀具和待加工齿轮的齿数相同）的啮合传动完全相同。在对滚运动中刀具齿廓曲线的包络线就是待加工齿轮的齿廓曲线。与此同时，刀具还一面作径向进给运动（直至全齿高），另一面沿轮坯的轴线作切削运动，这样刀具的刀刃就可切削出待加工齿轮的齿廓。由于在实际加工时看不到刀刃包络出齿轮的过程，故通过齿轮范成实验来表现这一过程。在实验中所用的齿轮范成仪相当于用齿条型刀具加工齿轮的机床，待加工齿轮的纸坯与刀具模型都安装在范成仪上，由范成仪来保证刀具与轮坯的对滚运动（待加工齿轮的分度圆线速度与刀具的移动速度相等）。对于在对滚中的刀具与轮坯的各个对应位置，依次用铅笔在纸上描绘出刀具的刀刃廓线，每次所描下的刀刃廓线相当于齿坯在该位置被刀刃所切去的部分。这样我们就能清楚地观察到刀刃廓线逐渐包络出待加工齿轮的渐开线齿廓，形成轮齿切削加工的全过程。

五、实验方法与步骤

（1）按照指导教师的要求剪好轮坯纸。

（2）把代表轮坯的圆形图纸分成三等份，分别标上"无根切""有根切"和"变位"，将三个待加工齿轮的分度圆、齿顶圆画在相应的标志以内。

（3）标准齿轮的绘制：

① 松开螺母5及旋钮7，将轮坯纸放在刀具下面，且在圆盘上面，然后旋上旋钮3，此时暂不要旋紧，将轮坯纸上的 $x = 0$ 的区域转到下方正中。

② 调节刀具（$m_1 = 10$ mm），使刀具标线对准溜板两侧标尺上的 0 线，此时刀具中线与轮坯分度圆相切，然后旋紧旋钮7及螺母5。

③ 开始"切制"齿廓时，先将溜板4推向左端，然后用左手将溜板向右推进 2~3 mm，右手用铅笔在轮坯纸上描下刀具刀刃齿廓。随后依此重复，直到刀具推到右端为止，轮坯上所描下的一系列刀具齿廓所包络出的曲线就是渐开线齿形。最后用铅笔勾下一个你认为是完整的齿形（即用"√"表示）。

④ 松开旋钮 7，将圆盘旋转 120°，换刀具（$m_1 = 20$ mm），按第（2）、（3）步骤绘制出有根切现象的标准齿轮齿廓。

（4）正变位齿轮的绘制。

① 松开旋钮 7，将圆盘旋转 120°，使纸坯的 $x = 0.45$ 的区域位下方正中，旋紧旋钮7。松开螺母5，将齿条刀具远离轮坯中心 $x \cdot m$ 距离，其数据可在标尺上读出，然后将螺母5拧紧。

② 重复标准齿轮绘制方法的第③步骤。

（5）负变位齿轮的绘制

绘制方法和步骤与正变位齿轮基本相同，其不同的是将齿条刀具向着轮坯中心移动 $|x \cdot m|$ 距离。

（6）绘制完毕后取下图纸，并将范成仪恢复到原状态。

六、注意事项

（1）代表轮坯的图纸要有一定厚度，纸面应平整无明显翘曲，以防止范成过程中刀具移动不畅。

（2）在移动过程中，一定要将"轮坯"纸片在圆盘或托板上固定可靠，并保持"轮坯"中心与圆盘中心时刻重合，范成过程中不能随意松开或重新固定，否则可能导致实验失败。

（3）每次移动刀具距离不要太大，否则会影响齿形的范成效果。每范成一种齿形都应该将齿条刀从一个极限位置移至另一个极限位置，若移动距离不够，会造成齿形切制不完整。

七、思考题

（1）齿廓根切现象是怎样产生的？应如何避免？

（2）变位后齿轮的哪些尺寸不变？

八、实验报告式样

实验三　渐开线齿轮范成原理实验报告

1．实验目的

2．实验设备及工具

3．实验刀具的基本参数

$m = 20$ mm　　　　$\alpha = 20°$　　　$h_a^* = 1$　　　$c^* = 0.25$

4．加工齿轮的基本参数

基本参数：$m =$ 　　　　$\alpha =$ 　　　　$h_a^* =$ 　　　　$c^* =$

标准齿：$Z_1 = 17$；$Z_2 = 8$；变位齿数 $Z_3 = 8$

5．实验数据和结果

（1）标准齿轮参数计算：

项　目	计算公式	计算结果	
		$Z_1 = 17$	$Z_2 = 8$
分度圆直径 d			
齿顶圆直径 d_a			
齿根圆直径 d_f			
基圆直径 d_b			

16

（2）变位齿轮的参数计算：

项 目	计算公式	计算结果
变位系数 x		
变位量（移距量）		
齿顶圆直径		

（3）实验结果分析：

项 目	实测结果			分析比较	
	标准		变位	8齿的变位前后变化（不变、增大、减小）	
	$Z_1 = 17$	$Z_2 = 8$	$Z_3 = 8$	变位前	变位后
齿顶高 h_a					
齿根高 h_f					
齿厚 s					
齿槽宽 e					
周节 t					
齿全高 h					

6. 思考题

17

实验四　刚性转子动平衡实验

一、预备知识

机器中有很多构件是作回转运动的，常将这种构件称为转子。由于结构不对称、质量分布不均匀或制造安装存在偏差等原因，往往使转子的质心偏离其回转轴线，由此产生离心惯性力。这不但会增大转动副的摩擦力和构件中的内应力，而且因这些惯性力的大小及方向多呈周期性变化，将引起机器及其基座产生强迫振动，甚至会出现共振而危及机器和厂房建筑。因此，在高速、重载、精密机械中，消除或减少惯性力的不良影响是非常重要的，这也是此类构件平衡的目的。

在一般机械中，转子的刚性都比较好，其共振转速较高，转子的工作转速 n 与转子的第一阶临界转速 n_{c1} 的关系为 $n <(0.6 \sim 0.75)n_{c1}$，此时转子产生的弹件变形较小，故把这类转子称为刚性转子。当转子的工作转速 n 与转子的第一阶临界转速 n_{c1} 的关系为 $n \geqslant (0.6 \sim 0.75)n_{c1}$ 时，会产生较大的弹性交形，这类转子称为挠性转子。本实验讨论的是刚性转子的动平衡问题。转子的不平衡惯性力可利用在其上增加或除去一部分质量的方法加以平衡。其实质是通过调节转子自身质心的位置来达到消除或减少惯性力的目的。根据刚性转子的具体情况，平衡分为两类：静平衡和动平衡。其中只要求惯性力的平衡为静平衡，而同时要求惯性力和惯性力偶矩的平衡则称为动平衡。刚性转子的静平衡实验比较简单，本次实验重点讨论的是刚性转子的动平衡问题。

二、实验目的

（1）加深对转子动平衡概念的理解。
（2）掌握刚性转子动平衡试验的原理及基本方法。

三、实验设备及仪器

（1）动平衡试验台；
（2）转子试件；
（3）平衡块；
（4）百分表（0 ~ 10 mm）。

四、实验原理与内容

1. 动平衡试验机的结构

动平衡机的简图如图 1-8 所示。待平衡的试件 3 安放在框形摆架子的支承滚轮上，摆架的左端固结在工字形板簧座 2 中，右端呈悬臂。电动机 9 通过皮带 10 带动试件旋转；当试件有不平衡质量存在时，则产生离心惯性力，使摆架绕工字形板簧上下周期性地振动，通过百分表 5 可观察振幅的大小。

通过转子的旋转和摆架的振动，可测出试件的不平衡量（或平衡量）的大小和方位。这个测量系统由差速器 4 和补偿盘 6 组成。差速器安装在摆架的右端，它的左端为转动输入端（n_1）通过柔性联轴器与试件 3 连接；右端为输出端（n_3）与补偿盘相连接。

差速器是由齿数和模数相同的三个圆锥齿轮和一个外壳为蜗轮的转臂 H 组成的周转轮系。

（1）当差速器的转臂蜗轮不转动时 $n_H = 0$，则差速器为定轴轮系，其传动比为

$$i_{31} = \frac{n_3}{n_1} = -\frac{Z_1}{Z_3} = -1 , \quad n_3 = -n_1 \tag{1-1}$$

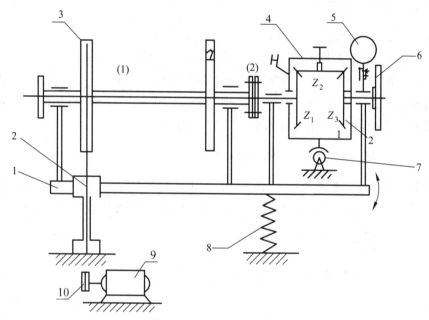

图 1-8　动平衡机结构图

1—摆架；2—工字形板簧座；3—转子试件；4—差速器；5—百分表；
6—补偿盘；7—蜗杆；8—弹簧；9—电机；10—皮带

这时补偿盘的转速 n_3 与试件的转速 n_1 大小相等、转向相反。

（2）当 n_1 和 n_H 都转动则为差动轮系，周转轮系传动比计算公式为

$$i_{31}^{H} = \frac{n_3 - n_H}{n_1 - n_H} = -\frac{Z_1}{Z_3} = -1 ; \quad n_3 = 2n_H - n_1 \tag{1-2}$$

蜗轮的转速 n_H 是通过手柄摇动蜗杆 7，经蜗杆蜗轮副在大速比的减速后得到的。因此蜗轮的转速 $n_H \ll n_1$。当 n_H 与 n_1 同向时，由（1-2）式可看到 $n_3 < -n_1$，这时 n_3 方向不变还与 n_1 反向，但速度减小。当 n_H 与 n_1 反向时，由（1-2）式可看出 $n_3 > -n$，这时 n_3 方向仍与 n_1 反向，但速度增加了。由此可知，当手柄不动，补偿盘的转速大小与试件相等、转向相反时，正向摇动手柄（蜗轮转速方向与试件转速方向相同）补偿盘减速，反向摇动手柄补偿盘加速。

这样可改变补偿盘与试件圆盘之间的相对相位角（角位移）。这个结论的应用将在后面说明。

2. 转子动平衡的力学条件

由于转子材料的不均匀、制造的误差、结构的不对称等诸因素使转子存在不平衡质量。因此当转子旋转后就会产生离心惯性力组成一个空间力系，使转子动不平衡。要使转子达到动平衡，则必须满足空间力系的平衡条件，即

$$\begin{cases} \sum \bar{F} = 0 \\ \sum \bar{M} = 0 \end{cases} \quad 或 \quad \begin{cases} \sum \bar{M}_A = 0 \\ \sum \bar{M}_B = 0 \end{cases} \tag{1-3}$$

即转子动平衡的力学条件。

3. 动平衡机的工作原理

当试件上有不平衡质量存在时（见图1-9），试件转动后则生产离心惯性力 $F = \omega^2 mr$，它可分解成垂直分力 F_y 和水平分力 F_x，由于平衡机的工字形板簧和摆架在水平方向（绕 y 轴）抗弯刚度很大，所以水平分力 F_x 对摆架的振动影响很小，可忽略不计。而在垂直方向（绕 x 轴）的抗弯刚度小，因此垂直分力产生的力矩 $M = F_y \cdot L = \omega^2 mr\cos\varphi \cdot L$ 的作用下，使摆架产生周期性的上下振动（摆架振幅大小）的惯性力矩为

$$M_1 = 0 \ , \quad M_2 = \omega^2 m_2 r_2 l_2 \cos\varphi_2$$

要使摆架不振动必须要平衡力矩 M_2。在试件上选择圆盘作为平衡平面，加平衡质量 m_p。则绕 x 轴的惯性力矩 $M_p = \omega^2 m_p r_p \cos\varphi_p$；要使这些力矩得到平衡可根据公式（1-3）得

$$\sum \bar{M}_A = 0 \ , \quad M_2 + M_p = 0$$

$$\omega^2 m_2 r_2 l_2 \cos\varphi_2 + \omega^2 m_p r_p l_p \cos\varphi_p = 0$$

消去 ω^2 得

$$m_2 r_2 l_2 \cos\varphi_2 + m_p r_p l_p \cos\varphi_p = 0$$

要使上式成立必须满足

$$\begin{cases} m_2 r_2 l_2 = m_p r_p l_p \\ \cos\varphi_2 = -\cos\varphi_p = \cos(180° + \varphi_p) \end{cases}$$

满足上式的条件摆架就不振动了。式中，m（质量）和 r（矢径）之积称为质径积；mrL 称为质径矩；φ 称为相位角。

转子不平衡质量的分布是有很大的随机性，而无法直观判断他的大小和相位。因此很难用公式来计算平衡量，但可用实验的方法来解决，其方法如下：

选补偿盘作为平衡平面，补偿盘的转速与试件的转速大小相等但转向相反，这时的平衡条件也可按上述方法来求得。在补偿盘上加一个质量 m'_p（见图1-9），则产生离心惯性力对 x 轴的力矩为

根据力系平衡公式（1-3）得

$$\sum \overline{M}_A = 0 , \quad M_2 + M'_p = 0$$

$$m_2 r_2 l_2 \cos\varphi_2 + m'_p r'_p l'_p \cos\varphi'_p = 0$$

要使上式成立必须有

$$\begin{cases} m_2 r_2 l_2 = m'_p r'_p l'_p \\ \cos\varphi_2 = -\cos\varphi'_p = \cos(180° - \varphi'_p) \end{cases}$$

$$M'_p = \omega^2 m'_p r'_p l'_p \cos\varphi'_p \qquad\qquad (1-4)$$

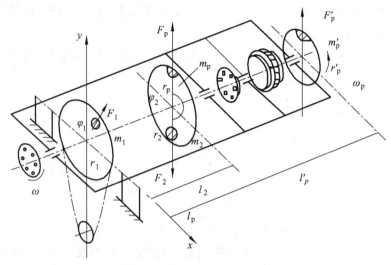

图 1-9　动平衡机工作原理图

从图 1-10 可进一步比较两种平衡面进行平衡的特点。图 1-10 是满足平衡条件平衡质量与不平衡质量之间的相位关系。

图 1-10（a）为平衡平面在试件上的平衡情况，在试件旋转时平衡质量与不平衡质量始终在一个轴平面内，但矢径方向相反。

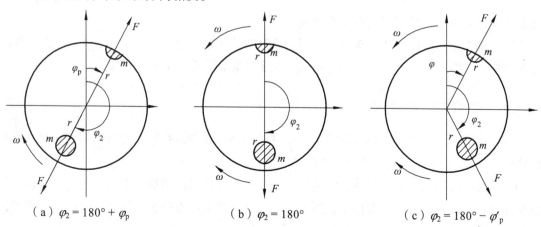

（a）$\varphi_2 = 180° + \varphi_p$　　　　　（b）$\varphi_2 = 180°$　　　　　（c）$\varphi_2 = 180° - \varphi'_p$

图 1-10　平衡质量与不平衡质量之间相位关系图

图 1-10（b）是补偿盘为平衡平面，m_2 和 m_p' 在各自的旋转中只有到 $\varphi_p' = 0°$ 或 180°，$\varphi_2 = 180°$ 或 0° 时，它们处在垂直轴平面内与图 1-10（a）一样达到完全平衡。其他位置时，它们的相对位置关系如图 1-10（c）所示，为 $\varphi_2 = 180° - \varphi_p'$，图 1-10（c）这种情况，$y$ 分力矩是满足平衡条件的，而 x 分力矩未满足平衡条件。

用补偿盘作为平衡平面来实现摆架的平衡可这样操作：在补偿盘的任何位置（最好选择在靠近缘处），试加一个适当的质量，在试件旋转的状态下摇动蜗杆手柄使蜗轮转动（正转或反转），这时补偿盘减速或加速转动。摇动手柄同时观察百分表的振幅使其达到最小，这时停止转动手柄。停机后在原位置再加一些平衡质量，再开机，左右转动手柄，如振幅已很小，可认为摆架已达到平衡。最后将调整到好的平衡质量转到最高位置，这时的垂直轴平面就是 m_p' 和 m_2 同时存在的轴平面。

摆架平衡不等于试件平衡，还必须把补偿盘上的平衡质量转换到试件的平衡面上，选试件圆盘 2 为待平衡面，根据平衡条件得

$$
\begin{cases}
m_p r_p l_p = m_p' r_p' l_p' \\[2mm]
m_p = m_p' \dfrac{r_p' l_p'}{r_p l_p}
\end{cases}
\tag{1-5}
$$

若取 $\dfrac{r_p' l_p'}{r_p l_p} = 1$，则 $m_p = m_p'$。

式（1-5）中 $m_p' r_p'$ 是所加的补偿盘上平衡量质径积；m_p' 为平衡块质量；r_p' 是平衡块所处位置的半径（有刻度指示）；l_p、l_p' 是平衡面至板簧的距离。这些参数都是已知的，这样就求得了在待平衡面 2 上应加的平衡量质径积 $m_p r_p$。一般情况先选择半径 r 求出 m 加到平衡面 2 上，其位置在 m_p' 最高位置的垂直轴平面中，本动平衡机及试件在设计时已取 $\dfrac{r_p' l_p'}{r_p l_p} = 1$，所以 $m_p = m_p'$，这样可取下补偿盘上平衡块 m_p' 直接加到待平衡面相应的位置，这样就完成了第一步平衡工作。根据力系平衡条件式（1-3），到此才完成一项 $\sum \overline{M}_A = 0$，还必须做 $\sum \overline{M}_B = 0$ 的平衡工作，这样才能使试件达到完全平衡。

第二步工作：将试件从平衡机上取下，重新安装成以圆盘 2 为驱动轮，再按上述方法求出平衡面 1 上的平衡量（质径积 $m_p r_p$ 或 m_p），这样整个平衡工作全部完成。

五、实验方法与步骤

（1）将平衡试件装到摆架的滚轮上，把试件右端的联轴器盘与差速器轴端的联轴器盘用弹性柱销柔性联成一体，装上传动皮带。

（2）松开摆架最右端的两对锁紧螺母，用手转动试件和摇动蜗杆上的手柄，检查动平衡机各部分转动是否正常。调节摆架上面的安放在支承杆上的百分表，使之与摆架有一定的接触，并随时注意振幅大小。

（3）开启电源，转动调速旋扭。实验时的转速定在 320～420 转（以后试验时不要再转动旋扭，只是关总电源）。转动蜗杆，观察百分表的振幅，找到最佳的平衡位置。厂家出厂规定，最佳平衡状态 0.01～0.03 mm（百分表 1～3 格）百分表的位置以后不要再变动，停机。

（4）将试件右端圆盘上装上适当的待平衡质量（四块平衡块），接上电源启动电机，待摆架振动稳定后，记录下振幅大小 y_0，余 20 丝（1 丝 = 0.01 mm）左右（格）（百分表的位置以后不要再变动）停机。

（5）在补偿盘的槽内距轴心最远处加上一个适当的平衡质量（两块平衡块）。开机后摇动手柄观察百分表振幅变化，手柄摇到振幅最小时，手柄停止摇动。记录下振幅大小 y_1 和蜗轮位置角 β_1（差速器外壳上有刻度指示），停机。（摇动手柄要讲究方法：蜗杆安装在机架上，蜗轮安装在摆架上，两者之间有很大的间隙。蜗杆转动到适当位置可与蜗杆不接触，这样才能使摆架自由地振动，这时观察的振幅才是正确的。摇动手柄蜗杆接触蜗轮使蜗轮转动，这时摆动振动受阻，反摇手柄使蜗杆脱离与蜗轮接触，使摆架自由地振动，再观察振幅。这样间歇性地使蜗轮向前转动和观察振幅变化，最终找到振幅最小值的位置）。在不改变蜗轮位置的情况下停机后，按试件转动方向用手转动试件，使补偿盘上的平衡块转到最高位置。取下平衡块安装到试件的平衡面（圆盘 2）中相应的最高位置槽内。

（6）在补偿盘内再加一点平衡量（1～2 块平衡块），按上述方法再进行一次测试。测得振幅 y_2 和蜗轮位置 β_2，若 $y_2 < y_1 < y_0$，β_1 与 β_2 相同或略有改变，则表示实验进行正确。若 y_2 已很小，可视为已达到平衡。停机，按步骤（4）方法将补偿盘上的平衡块移到试件圆盘 2 上。解开联轴器开机并让试件自由转动，若振幅依然很小，则第一步平衡工作结束；若还存在一些振幅，可适当地调节一下平衡块的相位，即在圆周方向左右移动一个平衡块进行微调相位和大小。

（7）将试件两端 180°对调，即这时圆盘 2 为驱动盘，圆盘 1 为平衡面。再按上述方法找出圆盘 1 上应加的平衡量，这样就完成了试件的全部平衡工作。

六、注意事项

（1）注意人身安全；不要在实验室内跑动或打闹，以免被设备碰伤；特别应注意操作动平衡试验机时不要被平衡块伤到自己或别人。

（2）爱护设备；操作设备动作要轻，以免损坏设备；一般不要从设备或展台上拿下零件；若拿出零件，看完后应按原样复原，避免零件丢失。

（3）不要随便移动设备，以免受伤或损坏设备。

七、思考题

（1）何为动平衡？哪些构件需要进行动平衡？平衡基面如何选择？

（2）在动平衡过程中，平衡质量及其相位是如何逐步调整的？

八、实验报告式样

实验四 刚性转子动平衡实验报告

1．实验目的：

2．实验设备及工具：

3．实验初始数据：

a＿＿＿＿＿＿，b＿＿＿＿＿＿，c＿＿＿＿＿＿，r_1＿＿＿＿＿＿，r_2＿＿＿＿＿＿。

4．实验记录：

校正面	次序	不平衡量相位（度）	所加重量（克）	不平衡量（克）
1	1			
	2			
	3			
	4			
	5			
2	1			
	2			
	3			
	4			
	5			

5．思考题

实验五　机构运动创新设计实验

一、预备知识

1. 机构的有关概念

机构是具有固定构件的运动链。机构中的固定构件称为机架，一般机架相对地面固定不动，但当机构安装在运动机械上时，则是运动的；机构中按给定运动规律独立运动的构件称为原动件；机构中的其余活动构件称为从动件。从动件的运动规律取决于原动件的运动规律和机构的结构或构件尺寸。

2. 机构自由度

机构具有确定运动时所必须给定的独立运动参数的数目，称为机构自由度，其数目用 F 表示，即

$$F = 3n - 2P_L - P_H \qquad (1\text{-}6)$$

式中，n 为机构的构件数；P_L 为机构中的低副数；P_H 为机构中的高副数。

3. 杆组的概念

机构具有确定运动的条件是其原动件的数目应等于其所具有的自由度的数目。因此，机构可以拆分成机架、原动件和自由度为零的构件组。而自由度为零的构件组，还可以拆分成更简单的自由度为零的构件组，我们将最后不能再拆的最简单的自由度为零的构件组称为基本杆组，简称为杆组。

由杆组定义可知，组成平面机构的基本杆组应满足条件：

$$F = 3n - 2P_L - P_H = 0 \qquad (1\text{-}7)$$

式中，n 为杆组中的构件数；P_L 为杆组中的低副数；P_H 为杆组中的高副数。由于构件数和运动副数目均应为整数，故当 n、P_L、P_H 取不同数值时，可得各类基本杆组。

1）高副杆组

高副杆组如图 1-11 所示。

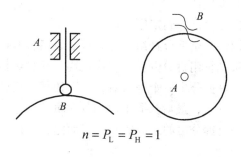

$$n = P_L = P_H = 1$$

图 1-11　高副杆组

2）低副杆组

当 $P_H = 0$ 时，杆组中的运动副全部为低副，称为低副杆组。由于 $F = 3n - 2P_L = 0$，故 $n = \dfrac{2P_L}{3}$，故 n 应当是 2 的倍数，而 P_L 应当是 3 的倍数。

当 $n = 2$，$P_L = 3$ 时，基本杆组称为 II 级组。II 级组是应用最多的基本杆组，绝大多数的机构均由 II 级杆组组成，II 级杆组有图 1-12 所示的五种不同类型。

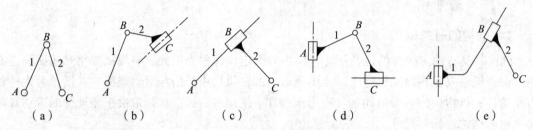

图 1-12　平面低副 II 级组

当 $n = 4$，$P_L = 6$ 时，基本杆组称为 III 级组。常见的 III 级组如图 1-13 所示。

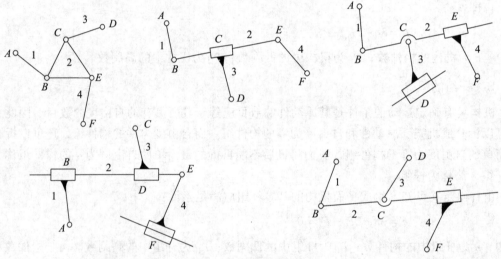

图 1-13　平面低副 III 级组

4. 杆组的正确拆分

杆组的正确拆分按如下步骤：

（1）正确计算机构的自由度，并确定原动件。

（2）从远离原动件的构件开始拆分杆组。先试拆 II 级组，若拆不出 II 级组，再试拆 III 级组。即杆组的拆分应从低级别杆组拆分开始，依次向高一级杆组拆分。

正确拆分的判别标准：每拆分出一个杆组后，留下的部分仍应是一个与原机构有相同自由度的机构，直至拆出全部杆组，最后只剩下原动件和机架为止。

（3）确定机构的级别（由拆分出的最高级别杆组而定，如最高级别为 II 级组，则此机构为 II 级机构）。

同一机构所取的原动件不同，有可能成为不同级别的机构。但当机构的原动件确定后，杆组的拆法是唯一的，即该机构的级别确定。

若机构中含有高副，为研究方便起见，可根据一定条件将机构的高副以低副来代替，然后再进行杆组拆分。

如图 1-14 所示机构，先去掉 k 处的局部自由度，计算机构的自由度 $F = 3n - 2P_L - P_H = 3 \times 8 - 2 \times 11 - 1$，并设凸轮（与杆件 1 固连）为原动件；按上述拆分原则，先拆分出由杆件 4、5，2、3，6、7 组成的三个Ⅱ级杆组，再拆分出由杆件 8 组成的单构件高副杆组，最后剩下的是原动件 1 和机架 9。由此可见，该机构为Ⅱ级机构。

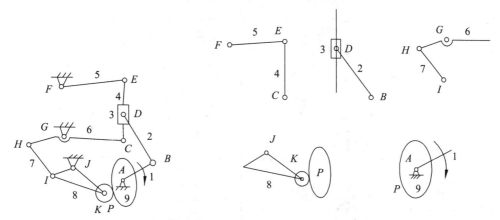

图 1-14　杆组拆分例图（锯木机机构）

二、实验目的要求

（1）加深学生对平面机构的结构和组成原理的认识，了解平面机构组成及运动特点。

（2）训练学生的工程实践动手能力，培养学生的机构综合设计能力和创新能力。

三、实验设备及仪器

机构运动创新设计方案实验台组件主要清单如表 1-2 所示。

表 1-2　实验台组件清单

序号	名　称	示意图	规　格	数量	备　注
1	齿轮		$M = 2$ $\alpha = 20°$ $Z = 28$、35、42、56	各 3 共 12	$D = 56$ mm；70 mm；84 mm；112 mm
2	凸轮		基圆半径 $R = 20$ mm，升回型，行程 30 mm	3	

序号	名　称	示意图	规　格	数量	备　注
3	齿条		$M = 2$　$\alpha = 20°$	3	
4	槽轮		4槽	1	
5	拨盘		双销，销回转半径 $R = 49.5$ mm	1	
6	主动轴		15 mm 30 mm $L = 45$ mm 60 mm 75 mm	4 4 3 2 2	
7	从动轴 （形成回转副）		15 mm 30 mm $L = 45$ mm 60 mm 75 mm	8 6 6 4 4	
8	从动轴 （形成移动副）		15 mm 30 mm $L = 45$ mm 60 mm 75 mm	8 6 6 4 4	
9	转动副轴 （或滑块）		$L = 5$ mm	32	
10	复合铰链 I （或滑块）		$L = 20$ mm	8	
11	复合铰链 II（或 滑块）		$L = 20$ mm	8	
12	主动滑块插件		40 mm $L =$ 55 mm	1 1	

序号	名称	示意图	规格	数量	备注
13	主动滑块座			1	
14	活动铰链座 I		螺孔 M8	16	可在杆件任意位置形成转-移副
15	活动铰链座 II		螺孔 M5	16	可在杆件任意位置形成移-转动副
16	滑块导向杆（或连杆）		$L = 330$ mm	4	
17	连杆 I		$L = 150$ mm： 100 mm, 110 mm, 150 mm, 160 mm, 240 mm, 300 mm	12, 12, 8, 8, 8, 8	
18	连杆 II		$L_1 = 22$ mm, $L_2 = 138$ mm	8	
19	压紧螺栓			64	
20	带垫螺栓		M5	48	
21	层面限位套		$L = 15$ mm： 4 mm, 7 mm, 10 mm, 15 mm, 30 mm, 45 mm, 60 mm	6, 6, 20, 40, 20, 20, 10	
22	紧固垫片（限制轴回转）		厚 2 mm, 孔 $\phi16$，外径 $\phi22$	20	

序号	名称	示意图	规格	数量	备注
23	高副锁紧弹簧			3	
24	齿条护板			6	
25	T型螺母			20	用于电机座与行程开关座的固定
26	行程开关碰块			1	
27	皮带轮			6	
28	张紧轮			3	
29	张紧轮支承杆			3	
30	张紧轮销轴			3	
31	螺栓 I		M10×15	6	
32	螺栓 II		M10×20	6	
33	螺栓 III		M8×15	16	
34	直线电机		10 mm/s	1	带装螺栓/螺母
35	旋转电机		10 r/min	3	带电机座及安装螺栓/螺母

续表 1-2

序号	名称	示意图	规格	数量	备注
36	实验台机架	机架内可移动立柱 5 根，每根立柱上可移动滑块 3 块；用直线电机的机架配有行程开关，行程开关安装板及直线电机控制器		4	
37	平头紧定螺钉		M6×6	21	标准件
38	六角螺母		M10 M12	6+6 30	标准件
39	六角薄螺母		M8	12	标准件
40	平键		A 型 3×20	15	标准件
41	皮带			3	标准件

1. 部分组件或构件的有关说明

（1）齿轮：模数 2，压力角 20°，齿数为 28、35、42、56，单级齿轮传动可实现四种基本传动比，中心距组合为：63、70、77、84、91、98；

（2）凸轮：基圆半径 20 mm，升回型，从动件行程为 30 mm；从动件采用对心滚子从动件；为保证凸轮和从动件始终保持接触，还提供了弹簧使其产生力锁合；

（3）齿条：模数 2，压力角 20°，单根齿条全长为 400 mm；

（4）槽轮：4 槽槽轮；4 工位；

（5）拨盘：可形成两销拨盘或单销拨盘；

（6）主动轴：轴端带有一平键，有圆头和扁头两种结构型式（可构成回转或移动副）；

（7）从动轴：轴端无平键，有圆头和扁头两种结构型式（可构成回转副或移动副）；

（8）转动副轴（或滑块）：用于两构件形成转动副或移动副；

（9）复合铰链Ⅰ（或滑块）：用于三构件形成复合转动副或形成转动副+移动副；

（10）复合铰链Ⅱ（或滑块）：用于四构件形成复合转动副；

（11）主动滑块插件：插入主动滑块座孔中，使主动运动形成往复直线运动；

（12）主动滑块座：装入直线电机齿条轴上形成往复直线运动；

（13）活动铰链座Ⅰ：用于在滑块导向杆（或连杆）以及连杆的任意位置形成转动-移动副；

（14）活动铰链座Ⅱ：用于在滑块导向杆（或连杆）以及连杆的任意位置形成转动副或移动副。

（15）滑块导向杆（或连杆）；

（16）连杆Ⅰ：有六种长度不等的连杆；

（17）连杆Ⅱ：可形成三个回转副的连杆；

（18）压紧螺栓：规格 M5，使连杆与转动副轴固紧，无相对转动且无轴向窜动；

（19）带垫片螺栓：规格 M5，防止连杆与转动副轴的轴向分离，连杆与转动副轴能相对转动；

（20）层面限位套：限定不同层面间的平面运动构件距离，防止运动构件之间的干涉；

（21）紧固垫片：限制轴的回转；

（22）高副锁紧弹簧：保证凸轮与从动件间的高副接触；

（23）齿条护板：保证齿轮与齿条间的正确啮合；

（24）皮带轮与皮带：用于机构主动件为转动时的运动传递；

（25）张紧轮：用于皮带的张紧；

（26）张紧轮支承杆：调整张紧轮位置，使其张紧或放松皮带；

（27）张紧轮销轴：安紧张紧轮；

（28）螺栓Ⅲ（螺栓 M8）：特制，用于在连杆任意位置固紧活动铰链座Ⅰ；

（29）直线电机：10 mm/s，配直线电机控制器，根据主动滑块移动的距离，调节两行程开关的相对位置来调节齿条或滑块往复运动距离，但调节距离不得大于 400 mm；注意：机构拼接未运动前，应先检查行程开关与装在主动滑块座上的行程开关碰块的相对位置，以保证换向运动能正确实施，防止机件损坏；

（30）旋转电机：10 r/min，沿机架上的长形孔可改变电机的安装位置；

（31）标准件、紧固件若干（A 型平键、螺栓、螺母、紧定螺钉等）；

（32）实验台机架。

2. 组装、拆卸工具

组装、拆卸工具包括一字起子、十字起子、呆扳手、内六角扳手、钢板尺、卷尺。

四、实验原理与内容

根据机构的杆组理论，任何平面机构均可以用零自由度的杆组依次连接到机架和原动件上的方法而形成。这也是机构创新设计拼装的基本原理。

实验时，任选一运动机构，根据机构运动简图，确定机构的原动件和机架，并对剩余构件进行杆组拆分。之后，按实验台提供的各个组件或构件拼装机构，并对机构进行试运行。

本实验台提供的配件可完成不少于 40 种机构运动方案的拼接实验。实验时每台架可由 3～4 名学生一组，完成不少于 1 种/人的不同机构运动方案的拼接设计实验。

1. 杆组的正确拼装

机构拼装通常先从原动件开始，按运动传递规律进行拼装。拼装时，应保证各构件均在相互平行的平面内运动，这样可避免各运动构件之间的干涉，同时保证各构件运动平面与轴的轴线垂直。拼装应以机架铅垂面为参考平面，由里向外拼装。实验台提供的运动副拼接方法参见以下各图所示。

（1）实验台机架如图 1-15 所示。

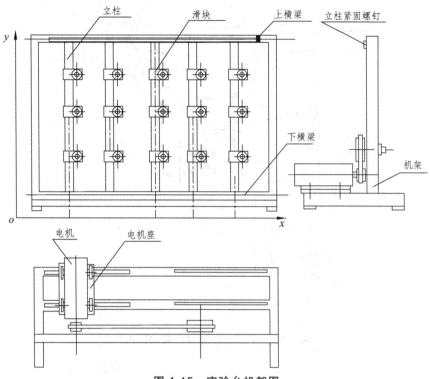

图 1-15　实验台机架图

实验台机架中有 5 根铅垂立柱，均可沿 x 轴方向移动。移动前应旋松在电机侧安装在上、下横梁上的立柱紧固螺钉，并用双手移动立柱到需要的位置后，应将立柱与上（或下）横梁靠紧再旋紧立柱紧固螺钉（立柱与横梁不靠紧旋紧螺钉时会使立柱在 x 轴方向发生偏移）。

注：立柱紧固螺钉只需旋松即可，不允许将其旋下。

立柱上的滑块可在立柱上沿 y 轴方向移动。要移动立柱上的滑块，只需将滑块上的内六角平头紧定螺钉旋松即可（该紧定螺钉在靠近电机侧）。

按上述方法移动立柱和滑块，就可在机架的 x、y 平面内确定固定铰链的位置。

（2）主、从动轴与机架的连接（下图各零件编号与"机构运动创新设计方案实验台组件清单"序号相同，后述各图均相同）如图 1-16 所示。

按图 1-16 方法将轴连接好后，主（或从）动轴相对机架不能转动，与机架成为刚性连接；若件 22 不装配，则主（或从）动轴可以相对机架作旋转运动。

（3）转动副的连接。

按图 1-17 连接好后，采用件 19 连接端连杆与件 9 无相对运动，采用件 20 连接端连杆与件 9 可相对转动，从而形成两连杆的相对旋转运动。

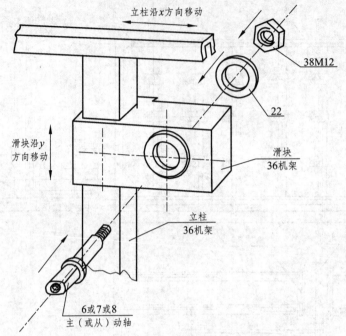

图 1-16　主、从动轴与机架的连接

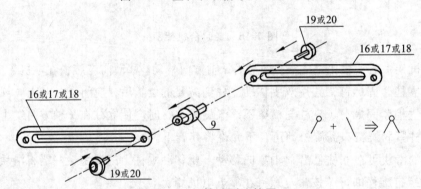

图 1-17　转动副连接图

（4）移动副的连接如图 1-18 所示。

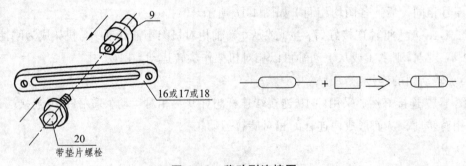

图 1-18　移动副连接图

（5）活动铰链座Ⅰ的安装，如图 1-19 所示。

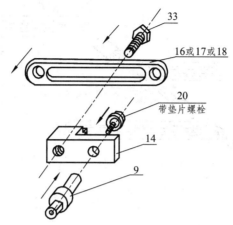

图 1-19　活动铰链座Ⅰ连接图

如图 1-19 连接，可在连杆任意位置形成铰链，且件 9 如图 1-19 装配，即可在铰链座Ⅰ上形成回转副或形成回转-移动副。

（6）活动铰链座Ⅱ的安装，如图 1-20 所示。

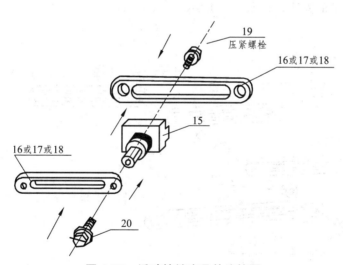

图 1-20　活动铰链座Ⅱ的连接图

如图 1-20 连接，可在连杆任意位置形成铰链，从而形成回转副。

（7）复合铰链Ⅰ（或转-移动副）的安装，如图 1-21 所示。

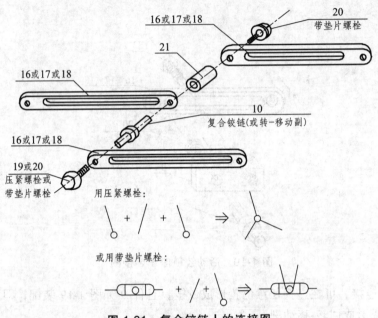

图 1-21　复合铰链 I 的连接图

将复合铰链 I 铣平端插入连杆长槽中构成移动副，而连接螺栓均应用带垫片螺栓。

（8）复合铰链 II 的安装，如图 1-22 所示。

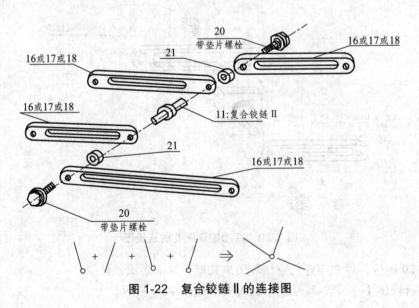

图 1-22　复合铰链 II 的连接图

复合铰链 I 连接好后，可构成三构件组成的复合铰链，也可构成复合铰链+移动副。

复合铰链 II 连接好后，可构成四构件组成的复合铰链。

（9）齿轮与主（从）动轴的连接，如图 1-23 所示。

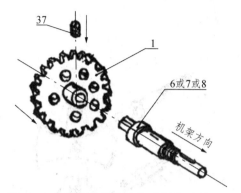

图 1-23 齿轮与主（从）动轴的连接图

（10）凸轮与主（从）动轴的连接，如图 1-24 所示。

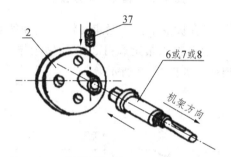

图 1-24 凸轮与主（从）动轴的连接图

（11）凸轮副连接，如图 1-25 所示。

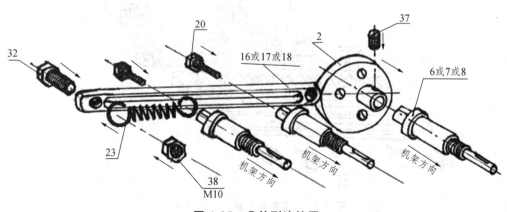

图 1-25 凸轮副连接图

按图示连接后，连杆与主（从）动轴间可相对移动，并由弹簧 23 保持高副的接触。

（12）槽轮机构连接，如图1-26所示。

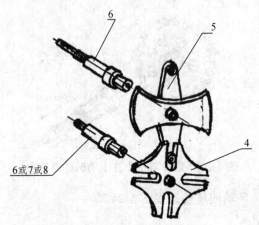

图1-26　槽轮机构连接图

注：拨盘装入主动轴后，应在拨盘上拧入紧定螺钉37，使拨盘与主动轴无相对运动；同时槽轮装入主（从）动轴后，也应拧入紧定螺钉37，使槽轮与主（从）动轴无相对运动。

（13）齿条相对机架的连接，如图1-27所示。

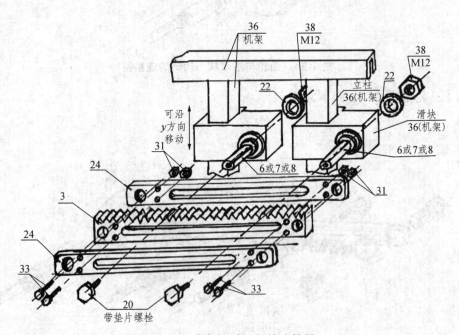

图1-27　齿条相对机架的连接图

如图1-27连接后，齿条可相对机架作直线移动；旋松滑块上的内六角螺钉，滑块可在立柱上沿 y 方向相对移动（齿条护板保证齿轮工作位置）。

（14）主动滑块与直线电机轴的连接，如图1-28所示。

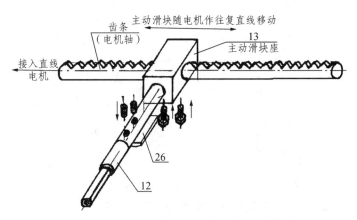

图1-28 主动滑块与直线电机轴的连接图

当由滑块作为主动件时，将主动滑块座与直线电机轴（齿条）固连即可，并完成如图1-28所示连接就可形成主动滑块。

2. 拼接实验典型方案

实验可选用工程机械中应用的各种平面机构，根据机构运动简图，进行拼接实验，也可按下列提供的方案进行。

（1）内燃机机构，如图1-29所示。

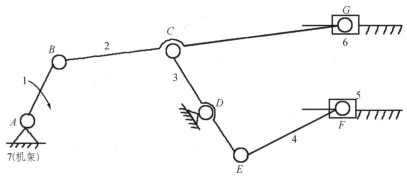

图1-29 内燃机机构

机构组成：曲柄滑块与摇杆滑块组合而成的机构。

工作特点：当曲柄1作连续转动时，滑块6作往复直线移动，同时摇杆3作往复摆动带动滑块5作往复直线移动。

该机构用于内燃机中，滑块6在压力气体作用下作往复直线运动（故滑块6是实际的主动件），带动曲柄1回转并使滑块5作往复运动，从而使压力气体通过不同路径进入滑块6的左、右端并实现排气。

（2）两齿轮-曲柄摇杆机构，如图 1-30 所示。

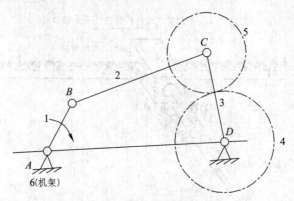

图 1-30　齿轮-曲柄摇杆机构

机构组成：该机构由曲柄摇杆机构和齿轮机构组成，其中齿轮 5 与摇杆 2 形成刚性连接。

工作特点：当曲柄 1 回转时，连杆 2 驱动摇杆 3 摆动，从而通过齿轮 5 与齿轮 4 的啮合驱动齿轮 4 回转。由于摆杆 3 往复摆动，从而实现齿轮 4 的往复回转。

（3）精压机机构，如图 1-31 所示。

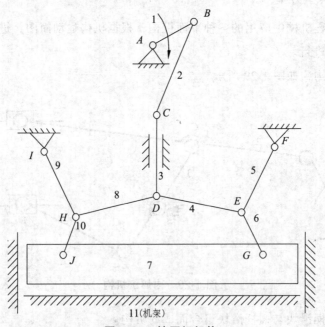

图 1-31　精压机机构

机构组成：该机构由曲柄滑块机构和两个对称的摇杆滑块机构所组成。对称部分由杆件 4→5→6→7 和杆件 8→9→10→7 两部分组成，其中一部分为虚约束。

工作特点：当曲柄 1 连续转动时，滑块 3 上、下移动，通过杆 4→5→6 使滑块 7 作上下移动，完成物料的压紧。对称部分 8→9→10→7 作用是使构件 7 平稳下压，使物料受载均衡。

用途：如钢板打包机、纸板打包机、棉花打捆、剪板机等均可采用此机构完成预期工作。

（4）牛头刨床机构，如图 1-32 所示。

图 1-32（b）是将图 1-32（a）中的构件 3 由导杆变为滑块，而将构件 4 由滑块变为导杆形成。机构组成：牛头刨床机构由摆动导杆机构与双滑块机构组成。只是在图（a）中，构件 2、3、4 组成两个同方位的移动副，且构件 3 与其他构件组成移动副两次；而图（b）则是将图（a）中 D 点滑块移至 A 点，使 A 点移动副在箱底处，易于润滑，使移动副摩擦损失减少。机构工作性能得到改善。图（a）和图（b）所示机构的运动特性完全相同。

工作特点：当曲柄 1 回转时，导杆 3 绕点 A 摆动并具有急回性质，使杆 5 完成往复直线运动，并具有工作行程慢、非工作行程快回的特点。

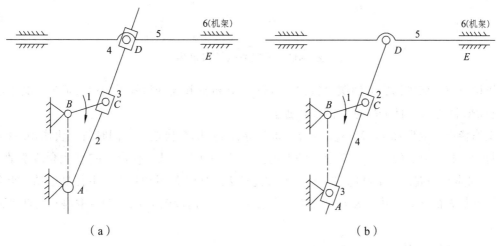

（a）　　　　　　　　　　　　（b）

图 1-32　牛头刨床机构

（5）两齿轮-曲柄摆块机构，如图 1-33 所示。

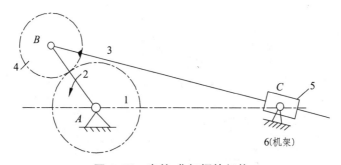

图 1-33　齿轮-曲柄摆块机构

机构组成：该机构由齿轮机构和曲柄摆块机构组成。其中齿轮 1 与杆 2 可相对转动，而齿轮 4 则装在铰链 B 点并与导杆 3 固连。

工作特点：杆 2 作圆周运动，为曲柄通过连杆使摆块摆动从而改变连杆的姿态使齿轮 4 带动齿轮 1 作相对曲柄的同向回转与逆向回转。

（6）喷气织机开口机构，如图1-34所示。

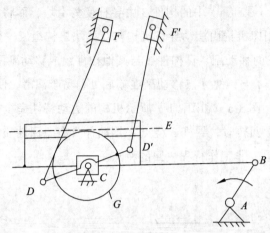

图1-34　喷气织机开口机构

机构组成：该机构由曲柄摆块机构，齿轮-齿条机构和摇杆滑块机构组合而成，其中齿条与导杆 BC 固连，摇杆 DD' 与齿轮 G 固连。

工作特点：曲柄 AB 以等角速度回转，带动导杆 BC 随摆块摆动的同时与摆块作相对移动，在导杆 BC 上固装的齿条 E 与活套在轴上的齿轮 G 相啮合，从而使齿轮 G 作大角度摆动，与齿轮 G 固连在一起的杆 DD' 随之运动，通过连杆 $DF(D'F')$ 使滑块作上、下往复运动。组合机构中，齿条 E 的运动是由移动和转动合成的复合运动，而齿轮 G 的运动就取决于这两种运动的合成。

（7）双滑块机构，如图1-35所示。

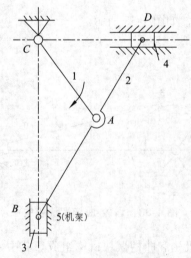

图1-35　双滑块机构

机构组成：该机构由双滑块组成，可看成由曲柄滑块机构 $A\text{-}B\text{-}C$ 构成，从而将滑块4视作虚约束，如图1-35所示。

工作特点：当曲柄 1 作匀速转动时，滑块 3、4 均作直线运动，同时，杆件 2 上任一点的轨迹为一椭圆。

应用：椭圆画器和剑杆织机引纬机构。

（8）冲压机构，如图 1-36 所示。

机构组成：该机构由齿轮机构与对称配置的两套曲柄滑块机构组合而成，AD 杆与齿轮 1 固连，BC 杆与齿轮 2 固连，如图 1-36 所示。

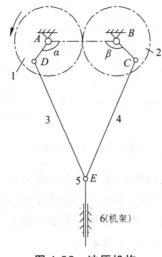

图 1-36　冲压机构

组成要求：$Z_1 = Z_2$；$AD = BC$；$\alpha = \beta$。

工作特点：齿轮 1 匀速转动，带动齿轮 2 回转，从而通过连杆 3、4 和驱动杆 5 上下直线运动完成预定功能。

该机构可拆去杆件 5，而 E 点运动轨迹不变，故该机构可用于因受空间限制无法安置滑槽但又需获得直线进给的自动机械中。而且对称布置的曲柄滑块机构可使滑块运动受力状态更好。

应用：此机构可用于冲压机、充气泵、自动送料机中。

（9）插床机构，如图 1-37 所示。

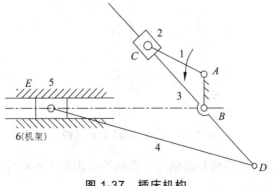

图 1-37　插床机构

机构组成：该机构由转动导杆机构与正置曲柄滑块机构构成，如图 1-37 所示。

工作特点：曲柄 1 匀速转动，通过滑块 2 带动从动杆 3 绕 B 点回转，通过连杆 4 驱动滑块 5 作直线移动。由于导杆机构驱动滑块 5 往复运动时对应的曲柄 1 转角不同，故滑块 5 具有急回特性。

应用：此机构可用于刨床和插床等机械中。

（10）筛料机构，如图 1-38 所示。

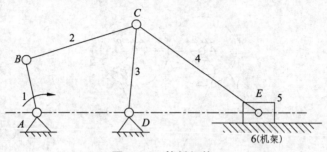

图 1-38　筛料机构

机构组成：该机构由曲柄摇杆机构和摇杆滑块机构构成，如图 1-38 所示。

工作特点：曲柄 1 匀速转动，通过摇杆 3 和连杆 4 带动滑块 5 作往复直线运动，由于曲柄摇杆机构的急回性质，使得滑块 5 速度、加速度变化较大，从而更好地完成筛料工作。

（11）凸轮-连杆组合机构，如图 1-39 所示。

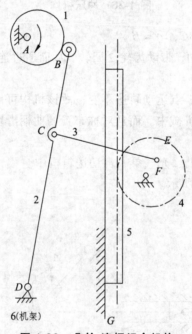

图 1-39　凸轮-连杆组合机构

机构组成：该机构由凸轮机构和曲柄连杆机构以及齿轮齿条机构组成，且曲柄 EF 与齿轮为固连构件，如图 1-39 所示。

工作特点：凸轮为主动件匀速转动，通过摇杆 2、连杆 3 使齿轮 4 回转，通过齿轮 4 与齿条 5 的啮合使齿条 5 作直线运动。由于凸轮轮廓曲线和行程限制和各杆件的尺寸制约关系，齿轮 4 只能作往复转动，从而使齿条 5 作往复直线移动。

应用：此机构用于粗梳毛纺细纱机钢领板运动的传动机构。

（12）凸轮-五连杆机构，如图 1-40 所示。

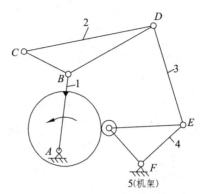

图 1-40　凸轮-五连杆机构

机构组成：该机构由凸轮机构和连杆机构构成，其中凸轮与主动曲柄 1 固连，又与摆杆 4 构成高副，如图 1-40 所示。

工作特点：凸轮 1 匀速回转，通过杆 1 和杆 3 将运动传递给杆 2，从而杆 2 的运动是两种运动的合成运动，因此连杆 2 上的 C 点可以实现给定的运动轨迹。

（13）行程放大机构，如图 1-41 所示。

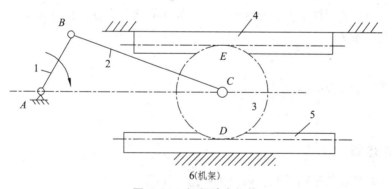

图 1-41　行程放大机构

机构组成：该机构由曲柄滑块机构和齿轮齿条机构组成，其中齿条 5 固定为机架，齿轮 4 为移动件，如图 1-41 所示。

工作特点：曲柄 1 匀速转动，连杆上 C 点作直线运动，通过齿轮 3 带动齿条 4 作直线移动，齿条 4 的移动行程是 C 点行程的两倍，故为行程放大机构。

注：若为偏置曲柄滑块，则齿条 4 具有急回性质。

（14）冲压机构，如图 1-42 所示。

机构的组成：该机构由齿轮机构、凸轮机构、连杆机构组成，其中凸轮 3 与齿轮 2 固连，如图 1-42 所示。

工作特点：齿轮1匀速转动，齿轮2带动与其固连的凸轮3一起转动，通过连杆机构使滑块7和滑块10作往复直线移动，其中滑块7完成冲压运动，滑块10完成送料运动。

该机构可用于连续自动冲压机床或剪床（剪床则由滑块7作为剪切工具）。

（15）双摆杆摆角放大机构，如图1-43所示。

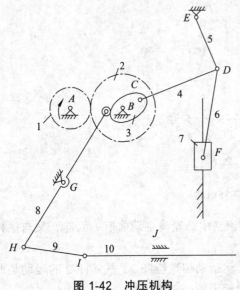

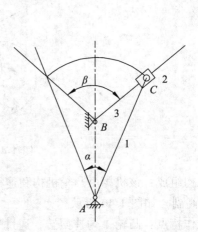

图 1-42 冲压机构   图 1-43 双摆杆摆角放大机构

机构组成：由摆动导杆机构组成，且有 $L_1 > L_{AB}$（$AC > AB$），如图1-43所示。

工作特点：当主动摆杆1摆动 α 角时，从动杆3的摆角为 β，且有 $\beta > \alpha$，实现了摆角放大。各参数间关系为

$$\beta = 2\arctan\frac{\dfrac{AC}{AB}\tan\dfrac{\alpha}{2}}{\dfrac{AC}{AB}-\sec\dfrac{\alpha}{2}} \tag{1-8}$$

五、实验步骤

（1）构思所要拼装的平面机构，画出机构运动简图。

（2）将平面机构运动方案正确拆分成基本杆组，并用机构简图表示出来。

（3）找出有关零部件、构件，将杆组按运动传递顺序依次接到原动件和机架上，正确拼装杆组。

（4）机构拼装完成之后，用手拨动机构，检查机构运动是否正常。

（5）机构运动正常后，连上电机，逐步增加电机转速，观察机构运动。

（6）拆卸各零件并放回柜中，工具放入工具箱，清理实验台。

六、注意事项

（1）各零件安装必须正确可靠，属于可动连接的构件要活动自如，属于固定连接的必须

连接可靠。

（2）启动电机前一定先用手拨动机构能正常动作后，再进行启动。

（3）启动时要与运动零件保持安全距离，以免造成人身伤害。

（4）同组中应指定专人负责开关电机，遇紧急情况时立即切断电源。

七、思考题

（1）机构的组成原理是什么？何谓基本杆组？

（2）如何对平面高副机构进行高副低代？

（3）进行机构分析时，如何做到正确拆分杆组？

八、实验报告式样

实验五　机构运动创新设计实验报告

1．实验目的

2．实验仪器设备

3．拼接平面机构的机构运动简图及拆分成的基本杆组的机构简图

4．拼接机构所用和各个零件种类及数目

5．思考题

第二部分

机械设计实验

机械设计是高等工科院校机械类、近机械类专业学生必修的技术基础课程，课程具有实践性强的特点。通过实验课使学生认知机械装置和测试设备；掌握力学参数、机械量的测定方法；培养实验技能和工程意识；了解在机械设计理论的研究、机械性能的改进、新机械的设计等方面用实验方法研究的途径；提高观察分析事物和动手解决问题的能力；巩固、深化和验证课堂教学中的基本理论。

该部分安排了五个实验，包括机械设计认知实验、皮带传动实验、液体动压润滑轴承性能实验、减速器拆装实验和机械传动性能综合测试实验。

实验六　机械设计认知实验

一、预备知识

1. 机械零件的概念

机械零件是组成机械和机器不可分拆的单个制件，它是机械加工制造的基本单元，又称机械元件。机械零件根据其在机器使用中的功用及制造过程可分为通用零件和专用零件。

一个机械系统通常由很多零件组成，这些零件组成一个整体，在系统中相互协调，使机械系统实现应有的功能。各个零件对机械系统的作用和影响是不同的，但没有不起作用的零件。

2. 机器的组成

通常一部完整机器应具备以下几个基本组成部分：原动机部分，为整部机器提供动力源；

执行部分,用来完成预定功能的组成部分;传动装置,处于原动机部分和执行部分之间用来完成运动和动力参数转换的部分。简单机器只由以上三个基本部分组成,随着机器复杂程度和功能要求的提高,还会增加其他如控制和辅助等部分。

3. 机械和机构

机械是机器和机构的总称。对于机器,主要研究其在能量和运动转换的过程。当某种机构用来做功或能量转化时,机构也就成了机器。

二、实验目的要求

通过观察机械设计陈列柜中的各类典型零部件,结合所附图形和注解重点了解以下几个方面的内容:

（1）机械零部件的类型及作用。

（2）机械零部件的具体结构、特点和应用场合。

（3）各种零件的工作原理,建立感性认识,为后续内容的学习打下实践基础。

（4）机械零件的安装、定位和结构工艺性方面的知识。

三、实验设备及仪器

机械设计陈列柜,陈列柜按类型共计 18 个柜,具体包括螺纹连接（柜Ⅰ、柜Ⅱ）、键、花键和无键连接柜、铆、焊、胶接和过盈配合连接柜、带传动柜、链传动柜、齿轮传动柜、蜗杆传动柜、滑动轴承柜、滚动轴承柜、滚动轴承装置的设计柜、弹簧柜、减速器柜、润滑与密封柜和小型机械结构设计实例柜。

四、实验原理与内容

机械设计陈列柜陈列了大量典型机械零部件,基本包括了机械设计基础课程所研究的常用机械零、部件,是机械零、部件的实物展示,并配有图文说明。有的还通过剖切实物的办法以展示零、部件的内部结构。各个陈列柜的内容如下:

（1）螺纹连接Ⅰ:包括螺纹的类型、螺纹连接的类型、标准连接件如螺栓、螺钉、螺母、垫圈等。

（2）螺纹连接Ⅱ:螺纹连接的预紧、防松,螺纹连接的应用示例,提高螺纹连接强度的具体措施。

（3）键、花键和无键连接:各种键连接、花键连接、无键连接和销连接。

（4）铆、焊、胶接和过盈配合连接:各类形式的铆、焊、胶接和过盈配合。

（5）带传动:各类传动带、带传动、带轮结构和张紧装置等。

（6）链传动:链传动的组成、运动特性、链传动的类型、链轮结构和张紧装置。

（7）齿轮传动：齿轮传动类型、受力分析、失效形式和齿轮的结构。

（8）蜗杆传动：螺杆传动类型、受力分析、螺杆蜗轮的结构。

（9）滑动轴承：各类滑动轴承、轴瓦结构、动静压轴承工作情况。

（10）滚动轴承：各类滚动轴承及其代号、轴承部件、滚动轴承的结构。

（11）滚动轴承装置的设计：轴承装置的各类典型结构、轴承的预紧和紧固。

（12）联轴器：各类联轴器共十余种。

（13）离合器：各类离合器共十多种。

（14）轴的分析与设计：各类轴的结构形式、轴上零件的定位方式、轴的结构设计。

（15）弹簧：板簧、拉簧、压簧、碟簧、扭簧及典型结构和应用。

（16）减速器：圆柱齿轮减速器、圆锥齿轮减速器、蜗杆蜗轮减速器和减速器附件。

（17）润滑与密封：各类润滑方式、密封件类型、润滑密封装置结构及应用。

（18）小型机械结构设计实例：电刨、粉碎机、榨汁机、压面机、电钻、角磨机等。

五、实验步骤

（1）实验前，学生要预习实验报告中要求的内容和本实验的思考题，带着问题有针对性地进行观察。

（2）本实验为认知实验，可安排在课程绪论之后进行。实验时教师可简要介绍各陈列柜的内容，然后让学生自主观察学习，老师可在现场对学生提问和答疑。

（3）学生观察时，对于重要的内容要进行记录，以便完成实验报告要求的内容和思考题。

（4）为获得更好的效果，可在课程相应章节结束后，再次组织学生对有关章节中的零部件进行参观，并对课堂上有关重要知识点进行复习。

六、注意事项

（1）学生进入实验室必须遵守实验室纪律，未经老师许可，不得触碰实验室内的任何仪器和设备。

（2）实验陈列柜为玻璃面板，为易碎物品。实验时，要注意保持安全距离，避免相互推挤，以免造成人身伤害或设备损坏。

（3）实验完毕后，做好相关记录表的填写，并保持实验室卫生整洁。

七、思考题

（1）普通螺栓连接和铰制孔螺栓连接从结构和承载机理上有何不同？

（2）根据所观察情况，分析滑动轴承和滚动轴承的特点。

（3）轴上的各个零件为什么要进行定位，轴的定位又是怎样实现的？

（4）安装有斜齿轮的轴所采用的轴承是哪类轴承？

八、实验报告式样

实验六　机械设计认知实验报告

1．实验目的

2．实验仪器设备

3．思考题

实验七　皮带传动实验

一、预备知识

1. 带传动组成及其特点

带传动是一种挠性传动，如图 2-1 所示，它由主动带轮 1、传动带 2 和从动带轮 3 组成。带传动具有结构简单、传动平稳、价格低廉、缓冲吸震和适于远距离传动等优点，因而在机械中被广泛使用。

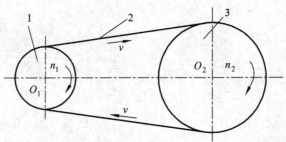

图 2-1　带传动的组成

2. 带传动的原理和类型

根据带传动原理的不同，可将带传动分为摩擦型带传动和啮合型带传动两大类。其中摩擦型带传动靠皮带张紧后与带轮间产生的摩擦力来传动；啮合型带传动靠带轮与皮带的凹槽和凸起相啮合来传动。摩擦型带传动又根据传动带截面形状不同，分为 V 带传动、平带传动、圆带传动和多楔带传动等。本实验所用的传动带为平带。

3. 带的应力分析

带传动在工作时，其上作用的应力有三种：拉应力，由紧边和松边的拉力所产生；离心拉应力，由带轮处的皮带作圆周运动所产生，并作用于带的全长范围内；弯曲应力，由带在带轮处的弯曲变形所产生，只作用在皮带与带轮相接触的区域。

4. 带的弹性滑动和打滑

弹性滑动是由于带的紧边拉力和松边拉力不同而造成的皮带速度与带轮线速度不同步的现象。具体表现在主动带轮处，皮带的线速度小于主动带轮的线速度。而在从动带轮上，则表现为皮带速度高于带轮的线速度。弹性滑动是摩擦型带传动固有的属性，而打滑则是由于带所传递的功率突然增大并超过了带的传动能力时出现的带与带轮间显著的相对滑动，此时带传动实质上已失效。

5. 带传动的传动比

由于带的弹性滑动的影响，使得从动带轮的圆周速度小于主动带轮的速度。把从动带轮相对于主动带轮的圆周速度降低率称为滑动率 ε，其在数值上为

$$\varepsilon = \frac{v_1 - v_2}{v_1} = \frac{\pi d_{d_1} n_1 - \pi d_{d_2} n_2}{\pi d_{d_1} n_1} = 1 - \frac{d_{d_2} n_2}{d_{d_1} n_1} \qquad (2\text{-}1)$$

式中，v_1、v_2 为主、从动带轮的线速度；d_{d1}、d_{d2} 分别为主、从动带轮的基准直径；n_1、n_2 分别为主、从动带轮的转速。

则传动比为

$$i = \frac{n_1}{n_2} = \frac{d_{d_2}}{(1-\varepsilon)d_{d_1}} \qquad (2\text{-}2)$$

通常 ε 为 0.01～0.02，在传动计算时可忽略不计。

6. 带传动的效率

若测得主动带轮上的驱动转矩 T_1 和转速 n_1、从动带轮的负载转矩 T_2 和转速 n_2，则传动的机械效率 η 为

$$\eta = \frac{T_2 n_2}{T_1 n_1} \times 100\% \qquad (2\text{-}3)$$

二、实验目的要求

（1）了解带传动实验台的结构和工作原理。
（2）了解机械传动效率的测量原理和方法。
（3）观察带传动的弹性滑动和打滑，注意区分二者的本质差别。
（4）体验带传动的初拉力与传动能力的关系。
（5）测定皮带传动滑差率、效率并绘制实测曲线。

三、实验设备及仪器

实验用设备为带传动实验台，如图 2-2 所示。

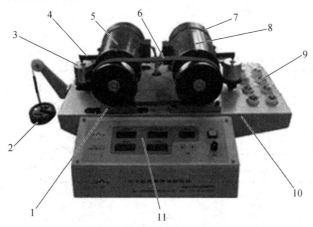

图 2-2　皮带传动实验台

1—电机移动底板；2—砝码和砝码架；3—力传感器；4—转矩力测杆；
5—主动电动机；6—平带；7—光电测速装置；8—发电机；
9—灯泡组；10—机座机壳；11—操纵面板

1. 主要结构及工作原理

如图 2-2 所示，该实验台由皮带 6 和一个装有主动带轮的直流伺服电动机组件、另一个装有从动带轮的直流伺服发电机组件、初拉力施加装置和操纵面板构成。

（1）主动轮电机 5 为两端带滚动轴承座的直流伺服电机，滚动轴承座固定在一个滑动底板 1 上，电机外壳（定子）未固定可相对其两端滚动轴承座转动，滑动的底板能相对机座 10 在水平方向滑动。

（2）砝码架和砝码 2 与滑动底板通过绳和滑轮相连，构成初拉力施加装置。加上或减少砝码，即可增加或减少皮带初拉力。

（3）从动轮电机 8 为两端带滚动轴承座的直流伺服发电机，电机外壳（定子）未固定，可相对其两端滚动轴承座转动，轴承座固定在机座机壳上。

（4）发电机 8、灯泡 9 以及实验台内的电子加载电路组成实验台加载系统，该加载系统可通过计算机软件主界面的加载按钮控制，也可用面板上触摸按钮 6、7（如图 2-3 所示）进行手动控制和显示。

（5）转动的两电机外壳上装有测力杆 4，可把电机外壳转动时产生的转矩力传递给传感器。主、从动皮带轮扭矩可直接在面板各自的数码管上读取。

（6）两电机后端装有光电测速装置和测速转盘 7，测速方式为红外线光电测速。主、从动皮带轮转速可直接在面板各自的数码管上读取。

（7）直流电动机的调速电源采用先进的脉冲宽度调制的调速电源。

2. 主要技术参数

直流电机功率为　355 W　　　　　　　　主电机调速范围　50 ~ 1 500 r/min

皮带轮直径　$D_1 = D_2 = 120$ mm　　　　皮带初拉力值为　2 ~ 3.5 kg·f

杠杆测力臂长度　$L_1 = L_2 = 120$ mm（L_1、L_2—电动机、发电机中心至传感器中心的距离）

压力传感器　精度为 1%　测量范围为 0 ~ 50 N

3. 电气面板布置及说明

皮带传动实验台电气面板布置图如图 2-3 所示。

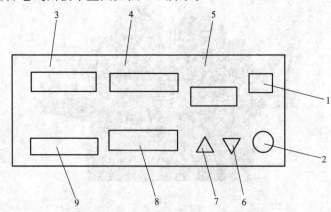

图 2-3　皮带传动实验台面板布置图

1—电源开关；2—电动机转速调节；3—电动机转矩显示；4—发电机转矩显示；
5—加载显示；6—加载按钮；7—减载按钮；8—发电机转速显示；
9—电动机转速显示

4. 电气装置工作原理

该仪器电气测量控制由三个部分组成：

（1）电机调速部分：该部分采用专用的由脉宽调制（PWM）原理设计的直流电机调速电源，通过调节面板上的调速旋钮对电动机调速。

（2）仪器控制直流电源及传感器放大电路部分：该电路板由直流电源及传感器放大电路组成，直流电源主要向显示控制板和 4 组传感器放大电路供电，放大电路将 4 个传感器的测量信号放大到规定幅度供显示控制板采样测量。

（3）显示测量控制部分：该部分由单片机、A/D 转换、加载控制电路和 RS-232 接口组成。A/D 转换控制电路负责转速测量和 4 路传感器信号采样，采集的各参数除送面板进行显示外，经由 RS-232 接口送上位机（电脑）进行数据分析处理。加载控制电路主要用于计算机对负荷灯泡组加载，也可通过面板上的触摸按钮对灯泡组进行手工加载和卸载。

5. 电气装置技术性能

测速范围：$50 \sim 1\,500$ r/min；

直流电动机功率：355 W；

发电机额定功率：355 W；

灯泡额定功率：共 320 W（8 个 40 W）；

环境温度：$0 \sim +40\,°C$；

相对湿度：$\leq 85\%$；

电源电压：交流 $\sim 220(1 \pm 10\%)$ V　50 Hz；

工作场所：无强烈电磁干扰和腐蚀气体。

四、实验原理与内容

通过调整带传动的工作载荷，记录主动带轮转速转矩、从动轮带转速转矩，根据记录数据进行滑动率曲线和效率曲线的绘制，在较小的初拉力下，逐步增加载荷，观察带传动的打滑失效。

五、实验步骤

（1）根据皮带选择一定的初拉力（以砝码表示），如需改变初拉力，只需增减砝码。

（2）将电机调速旋钮逆时针转到底，再接通电源，缓慢调整电机转速至 $1\,000$ r/min。

（3）按加载键，点亮 1 个灯泡。此时，电动机转速可能会有变化，调整其转速保持在 $1\,000$ r/min，待运转平稳后，记录电动机的转矩 T_1 和发电机转速转矩 T_2。

（4）继续加载，依次点亮 2 个、3 个直至 8 个灯泡，记录每种载荷下电动机的转矩和发电机转速转矩。

（5）根据记录数值计算滑动率 ε 和效率 η，绘制带传动滑动率曲线 $\varepsilon\text{-}T_2$ 和效率曲线 $\eta\text{-}T_2$。

（6）保持相对较小的初拉力（砝码数量少），逐步增加载荷，观察电动机和发电机转速的差别，直至出现打滑。

六、注意事项

（1）接通电源前进行如下检查：平带是否处于正确的安装位置，初拉力施加装置的拉紧绳位置是否正确，逆时针转动调速旋钮使其处于最低速状态。

（2）皮带和带轮要保持非常清洁，绝对不能黏油。如果不清洁，先用干净的汽油、酒精清洗干净，再用干净的干抹布擦干净。

（3）实验前电动机活动底板要反复推动，以确保灵活。检查平带是否处于正确的安装位置，初拉力施加装置的拉紧绳位置是否正确。

（4）启动电源开关前，需将面板上的调速旋钮逆时针旋到底（转速最低位置）。以避免电机高速运动带来的冲击损坏传感器。在砝码架上加上一定的砝码使皮带张紧，以确保实验安全。

（5）测试前，先开机将皮带转速调至 1 000 r/min 以上，运转 30 min 以上。使皮带预热以保证实验时性能稳定。

（6）当皮带加载至打滑时，运转时间不能过长，防止损坏皮带。

（7）在皮带滑出的情况下，一般可将皮带调头，再装上进行实验。如在调头后，依然滑出，则需将电机支座固定螺钉松动，调整位置使两个带轮的轴线保持平行后，再拧紧螺钉，继续做实验。

（8）实验结束后，将调速旋钮逆时针旋到底，并卸去发电机载荷，取下初拉力施加装置中的砝码。

七、思考题

（1）为何接通电源电机开始运转后，电动机或发电机上固定的转矩力测杆都会向压紧传感器的方向转动？

（2）分析带的弹性滑动和打滑的区别。

（3）预紧力对传动能力有何影响？

八、实验报告式样

实验七　皮带传动实验报告

1. 实验目的

2. 实验仪器设备

3．实验数据记录

（1）滑动率和效率的测定

砝码重量：　　　　　　输入轴转速：1 000 r/min

载荷						
输入轴转矩						
输出轴转速、转矩						
滑动率						
机械效率						

（2）观察打滑失效

砝码重量	打滑时的载荷	输入轴转速转矩		输出轴转速转矩	

4．图线绘制

（1）滑动率曲线 $\varepsilon\text{-}T_2$

（2）效率曲线 $\eta\text{-}T_2$

5．实验结果分析

（1）分析并解释所得的滑动率曲线和效率曲线的变化趋势。

（2）分析初拉力与带传动能力间的关系。

实验八 液体动压润滑轴承性能实验

一、预备知识

1. 轴承概述

轴承是用于支承轴和轴上零件以保证轴能准确地绕固定轴线转动的装置。根据轴承中摩擦性质的不同，可将轴承分为滑动轴承和滚动轴承两大类。其中滚动轴承的摩擦系数小，启动阻力小，已经实现标准化，这给设计、使用、维护方面都带来极大的方便，因此在一般机器中得到广泛应用。但对于高速、高精度、重载、结构上要求剖分和安装尺寸受限的情况下，滑动轴承便显示出其不可替代的优越性能，发挥着重要作用。

2. 滑动轴承分类

滑动轴承类型很多，按其承载方向不同，分为径向轴承和止推轴承；根据表面间润滑状态不同，可分为流体润滑轴承、不完全流体润滑轴承和自润滑轴承；根据流体动力润滑承载机理不同，分为流体动力润滑轴承（又称流体动压润滑轴承）和流体静力润滑轴（又称流体静压轴承）。

3. 流体动力润滑形成的条件

两个作相对运动物体的摩擦表面，用借助于相对速度产生的黏性流体膜将两摩擦表面完全隔开，用流体膜产生的压力来平衡外载荷的润滑，称为流体动力润滑。如图 2-4 所示为两相对运动平板间油层中的速度和压力分布，此表面间要形成流体动力润滑须满足以下必要条件：

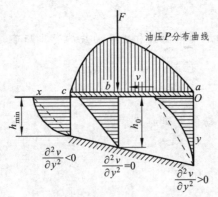

图 2-4 两相对运动平板间油层中的速度和压力分布

（1）相对运动的两表面间必须形成楔形间隙。

（2）被油膜分开的两表面须有一定的相对滑动速度，其方向应保证润滑油由大口进，从小口出。

（3）润滑油须有一定的黏度，供油要充分。

4. 径向滑动轴承形成流体动压润滑的过程

如图 2-5（a）所示，轴径处于静止状态，在载荷 F 作用下处于轴承孔的最低处，并与轴瓦保持接触。此时，两表面间形成一收敛的楔形间隙。当轴承开始转动时，速度较低，带入间隙中的油量较少，此时轴瓦对轴径摩擦力的方向与轴径表面圆周速度方向相反，该摩擦力使轴径沿孔壁向右爬升[见图 2-5（b）]。随着转速的增大，轴径表面的圆周速度增大，带入楔形空间的油量逐渐增多。此时，右侧楔形油膜产生一定的动压力，将轴径向左浮起。当轴径达到工作转速时，便稳定在一定的偏心位置上[见图 2-5（c）]，轴径与轴承孔间的流体动压润滑便形成。当形成流体动压润滑时，轴承内的摩擦力为流体摩擦力，摩擦达到最小。

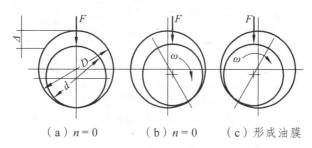

（a）$n=0$　　（b）$n=0$　　（c）形成油膜

图 2-5　径向滑动轴承形成流体动压润滑的过程

二、实验目的要求

（1）观察径向滑动轴承流体动压润滑的形成过程。
（2）测定和绘制径向滑动轴承油膜压力分布曲线，计算轴承的承载能力。
（3）了解径向滑动轴承摩擦系数的测量方法和摩擦特性曲线的绘制方法。
（4）观察转速和载荷改变时油膜压力的变化情况。

三、实验设备及仪器

本实验使用如图 2-6 所示滑动轴承实验台，其主要由以下几个部分构成：传动装置、油膜压力测量装置、加载装置、摩擦系数测量装置和摩擦状态指示装置。

图 2-6　液体动压轴承实验台

1. 实验台主要结构

1）实验台的传动装置

传动装置如图 2-7 所示，直流电动机 1 通过 V 带 2 驱动主轴 9 沿顺时针（面对实验台面板）方向转动，通过无级调速器实现无级调速。本实验台主轴的转速范围为 2～400 r/min，主轴的转速由数码管直接读出。

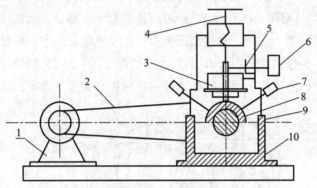

图 2-7　滑动轴承实验台构造示意图

1—直流电动机；2—V 带；3—负载传感器；4—螺旋加载杆；5—弹簧片；6—摩擦力传感器；
7—压力传感器（径向 7 只，轴向 1 只）；8—主轴瓦；9—主轴；10—主轴箱

2）主轴与轴瓦间的油膜压力测量装置

主轴由滚动轴承支承在箱体上，轴的下半部浸泡在润滑油中。主轴瓦的径向平面内沿圆周钻有 7 个小孔，每个小孔连接一个压力传感器，用来测量该径向平面内相应点的油膜压力，由此可绘制出径向油膜压力分布曲线。沿轴瓦的一个轴向剖面装有两个压力传感器，用来观察有限长滑动轴承沿轴向的油膜压力情况。

3）加载装置

油膜的径向压力分布曲线是在一定的载荷和一定的转速下绘制的。当载荷改变或轴的转速改变时所测出的压力值是不同的，所绘出的压力分布曲线的形状也是不同的。转速的改变方法如前所述。本实验台采用螺旋加载，转动螺杆即可改变载荷的大小，所加载荷之值通过传感器数字显示，直接在实验台的操纵板上读出。

4）摩擦系数 f 测量装置

径向滑动轴承的摩擦系数 $f = \dfrac{F}{W}$ 随轴承的特性系数 $\lambda = \dfrac{\eta n}{p}$ 值的改变而改变（F—轴承的摩擦力；W—轴上的载荷，为轴瓦自重与外加载荷之和，本机轴瓦自重为 40 N；η—油的动力黏度；n—轴的转速；p—压力，$p = \dfrac{W}{Bd}$，B—轴瓦的宽度；d—轴的直径。本实验台 $B = 120$ mm，$d = 60$ mm），二者的变化关系如图 2-8 所示。

在边界摩擦时，f 随 λ 的增大而变化很小。进入混合摩擦后，λ 的改变引起 f 的急剧变化，在刚形成液体摩擦时 f 达到最小值，此后，随 λ 的增大油膜厚度亦随之增大，因而 f 亦有所增大。

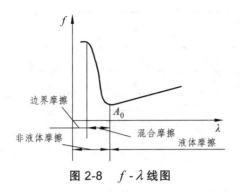

图 2-8　f-λ 线图

5）摩擦状态指示装置

摩擦状态指示装置的原理如图 2-9 所示。当轴不转动时，可看到灯泡很亮；当轴在很低的转速下转动时，轴将润滑油带入轴和轴瓦之间收敛性间隙内，但由于此时的油膜很薄，轴与轴瓦之间部分微观不平度的凸峰处仍在接触，故灯忽亮忽暗；当轴的转速达到一定值时，轴与轴瓦之间形成的压力油膜厚度完全遮盖两表面之间微观不平度的凸峰高度，油膜完全将轴与轴瓦隔开，灯泡就不亮了。

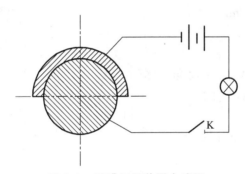

图 2-9　滑膜显示装置电路图

2. 主要技术参数

试验轴瓦：内径　$d = 60$ mm

　　　　　长度　$B = 120$ mm

　　　　　表面粗糙度 $\sqrt{}^{1.6}$

　　　　　材料　ZCuSn$_5$Pb$_5$Zn$_5$

　　　　　加载范围 0～1 000 N（0～100 kg·f）

负载传感器精度 0.01　　量程 0～10 mm

压力传感器精度 2.5%　　量程 0～0.6 MPa

测力杆上测力点与轴承中心距离　$L = 120$ mm

测力计标定值　$K = 0.098$ N/格

电机功率　355 W

调速范围：2～400 r/min

试验台质量：52 kg

实验台的操作面板如图 2-10 所示。

61

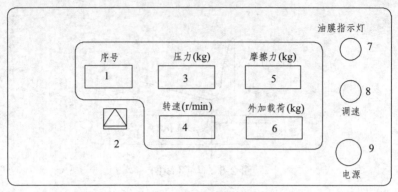

图 2-10　实验台面板布置图

1—序号；2—转换按钮；3—压力显示；4—转速显示；5—摩擦力显示；
6—外加载荷显示；7—油膜指示灯；8—调速旋钮；9—电源开关

3. 电气装置技术性能

（1）直流电动机功率：355 W

（2）测速部分：

a. 测速范围：2～400 r/min

b. 测速精度：±1 r/min

（3）加载部分：

a. 调整范围：0～1 000 N（0～100 kg）

b. 传感器精度：±0.2%（读数）

（4）工作条件：

a. 环境温度：－10～+50 ℃

b. 相对湿度：≤80%

c. 电源：交流～200（1±10%）V　50 Hz

d. 工作场所：无强烈电磁干扰和腐蚀气体

四、实验原理与内容

通过油膜指示灯泡的亮灭，来观察流体动力润滑的形成；通过油膜压力测量装置，测量各点的油膜压力，进而绘制油压分布曲线和承载曲线；通过摩擦系数测量装置，在一定载荷下，改变转速，测量摩擦力，绘制摩擦特性曲线。

五、实验步骤

1. 准备工作

在弹簧片 5 的端部安装摩擦力传感器 6，使其触头具有一定的压力值（见图 2-7）。

2. 测取绘制径向油膜压力分布曲线与承载曲线图

（1）启动电机，将轴的转速逐渐调整到一定值（可取 200 r/min 左右），注意观察从轴开始运转至 200 r/min 时灯泡亮度的变化情况,待灯泡完全熄灭,此时已处于完全液体润滑状态。

（2）用加载装置分几次加载（但不超过 1 000 N，即 100 kg·f）。

（3）待各压力传感器的压力值稳定后，由左至右依次记录各压力传感器的压力值。

（4）卸载，关机。

（5）根据测出的各压力传感器的压力值按一定比例绘制出油压分布曲线，如图 2-11 所示。此图的具体画法是：沿着圆周表面从左到右画出角度分别为 30°、50°、70°、90°、110°、130°、150°分别得出油孔点 1、2、3、4、5、6、7 的位置。通过这些点与圆心 O 连线，在各连线的延长线上，据压力传感器测出的压力值（比例：0.1 MP = 5 mm）画出压力线 1—1′、2—2′、3—3′…7—7′。将 1′、2′…7′各点连成光滑曲线，此曲线就是所测轴承的一个径向截面的油膜径向压力分布曲线。

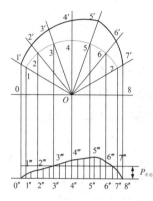

（a）油压分布曲线

（b）油膜承载曲线

图 2-11

为确定轴承的承载量，用 $P_i\sin\varphi_i$（$i = 1，2\cdots7$）求得向量 1—1′、2—2′、3—3′……7—7′在载荷方向（即 y 轴）的投影值。角度 φ_i 与 $\sin\varphi_i$ 的数值见表 2-1：

表 2-1　角度 φ_i 与 $\sin\varphi_i$ 的数值

φ_i	30°	50°	70°	90°	110°	130°	150°
$\sin\varphi_i$	0.500 0	0.766 0	0.939 7	1.000 0	0.939 7	0.766 0	0.500 0

然后将 $P_i\sin\varphi_i$ 这些平行于 y 轴的向量移到直径 0—8 上。为清楚起见，将直径 0—8 平移到图 2-11 的下部，在直径 0″—8″ 上先画出轴承表面上的油孔位置的投影点 1″、2″…8″，然后通过这些点画出上述相应的各点压力在载荷方向的分量，即 1‴2‴…7‴等点，将各点平滑连接起来，所形成的曲线即为在载荷方向的压力分布。

用数格法计算曲线所围的面积，以 0″—8″ 为底边做一个矩形，使其面积与曲线所包围的面积相等，那么，矩形的高 $P_{平均}$ 乘以轴瓦宽度 B 再乘以轴的直径 d 便是该轴承油膜的承载量。但考虑端部泄漏造成的压力损失，故油膜承载量为

$$q = P_{平均} \cdot B \cdot d \cdot \delta$$

式中　$P_{平均}$——径向单位平均压力；

B——轴瓦宽度 120 mm；

d——轴的直径 60 mm；

δ——湍泄系数，取 0.7。

3. 测量摩擦系数 f 与绘制摩擦特性曲线

（1）启动电机，逐渐使电机升速，在转速达到 250～350 r/min 时，旋动螺杆，逐渐加载到 700 N（70 kg·f），稳定转速后减速。

（2）依次记录转速 250～2 r/min（250 r/min、180 r/min、150 r/min、120 r/min、80 r/min、60 r/min、30 r/min、20 r/min、10 r/min、2 r/min），负载为 70 kg·f 时的摩擦力，也可适当增加测量点。

（3）卸载，减速，停机。

根据记录的转速和摩擦力的值计算整理 f 与 $\dfrac{\eta n}{p}$ 值，按一定比例绘制摩擦特性曲线，如图 2-8 所示。

六、注意事项

（1）使用的机油必须通过过滤才能使用，使用时严禁灰尘及金属屑混入油内。

（2）由于主轴和轴瓦加工精度高，配合间隙小，润滑油进入轴和轴瓦间隙后，不易流失，在做摩擦系数测定时，负载传感器的压力不易回零，为了使其迅速回零。需人为把轴瓦抬起，使油流出。

（3）所加负载不允许超过 1 200 N（即 120 kg·f），以免损坏负载传感器元件。

（4）机油牌号的选择可根据具体环境温度，在 20#～40# 内选择。

（5）为防止主轴瓦在无油膜运行时烧坏，在面板上装有油膜报警指示灯，正常工作时指示灯熄灭，严禁在指示灯亮时主轴高速运转。

（6）实验台应在卸载下启动或停止。

七、思考题

（1）载荷和转速的变化对油膜压力影响如何？

（2）载荷对最小油膜厚度的影响如何？

（3）试分析摩擦特性曲线上拐点的意义及曲线走向变化的原因。

八、实验报告式样

实验八　液体动压滑动轴承性能实验报告

1. 实验目的

2. 实验设备及仪器

3．实验记录

（1）油膜压力测试

测点（传感器）位置	1	2	3	4	5	6	7	8
压力值（kPa）								

（2）测量摩擦系数

转速（r/min）									
摩擦力（kg）									

4．数据处理及曲线绘制

（1）径向油膜压力分布曲线

（2）轴向油膜压力分布曲线

（3）摩擦特性同曲线

附：实验台与计算机连接的软件操作说明

1. 软件界面说明

1）封　面

在封面上非文字区单击左键，即可进入滑动轴承实验教学界面（主界面）。

2）滑动轴承实验教学界面（主界面）

【实验指导】单击此键，进入实验指导书。

【油膜压力分析】单击此键，进入油膜压力及摩擦特性分析。

【摩擦特性分析】单击此键，进入连续摩擦特性分析。

【实验台参数设置】单击此键，进入实验台参数设置。

【退出】单击此键，结束程序的运行，返回 Windows 界面。

3）滑动轴承油膜压力仿真与测试分析界面

【稳定测试】当系统稳定时，单击此键，稳定测试。

【历史文档】单击此键，进行历史文档再现。

【打印】单击此键，打印油膜压力的实测与仿真曲线。

【手动测试】单击此键，进入油膜压力手动分析实验界面。

【返回】单击此键，返回主界面。

4）摩擦特性连续实验仿真与测试分析界面

【稳定测试】单击此键，开始稳定测试。

【历史文档】单击此键，进行历史文档再现。

【手动测试】单击此键，输入各参数值，即可进行摩擦特性的手动测试。

【打印】单击此键，打印摩擦特性连续实验的实测与仿真曲线。

【返回】单击此键，返回滑动轴承实验教学界面。

2. 实验步骤

（1）点击桌面上图标（滑动轴承实验），进入软件的初始界面。如附图 1 所示。

附图 1

（2）在初始界面的非文字区单击左键，即可进入滑动轴承实验教学界面，以下简称主界面。如附图 2 所示。

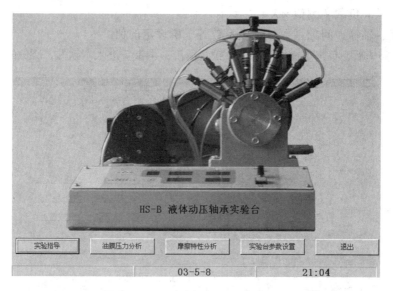

附图 2

（3）在主界面上单击【实验指导】键，进入本实验指导文档。拖动垂直滚动条即可查看文档内容。如附图 3 所示。

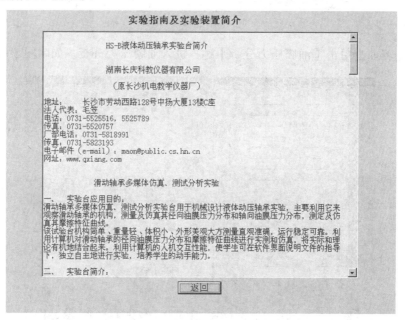

附图 3

（4）如附图 4 所示。单击【实验台参数设置】键，进入参数设定界面，输入正确的密码后单击上面的【确认】键即可设置参数。参数设定完毕后，系统将按以下公式计算：

压力传感器的值 = 压力传感器实测值 $\times K + J$；

摩擦力的值 = 摩擦力实测值 × K + J；

转速的值　　= 转速实测值 × K + J；

负载的值　　= 负载实测值 × K + J；

轴瓦长度、轴径、间隙系数、黏度系数等于所设定的值。

参数设定完毕后，单击下面的【确认】键，退出，再重新进入本软件，所做的更改才能生效。

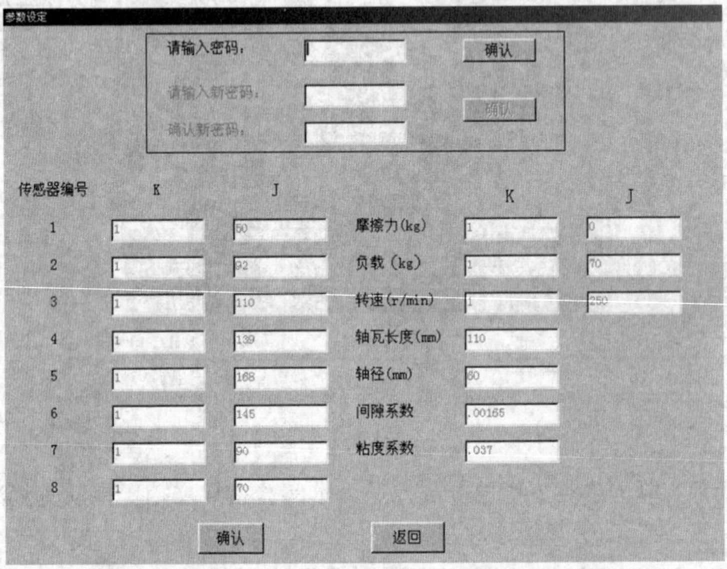

附图 4

（5）在主界面上单击【油膜压力分析】键，进入油膜压力分析。如附图 5 所示。

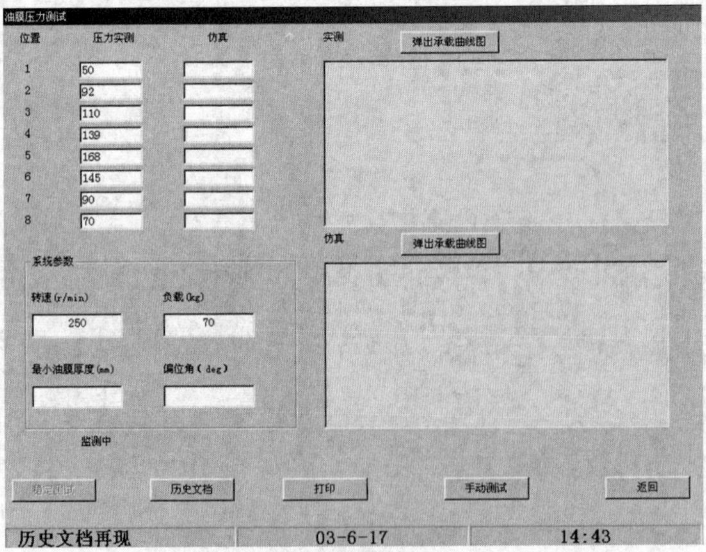

附图 5

在滑动轴承油膜压力仿真与测试分析界面上，单击【稳定测试】键，稳定采集滑动轴承各测试数据。测试完后，将给出实测与仿真八个压力传感器位置点的压力值。实测与仿真曲线自动绘出，同时弹出【另存为】对话框，提示保存。如附图6所示。

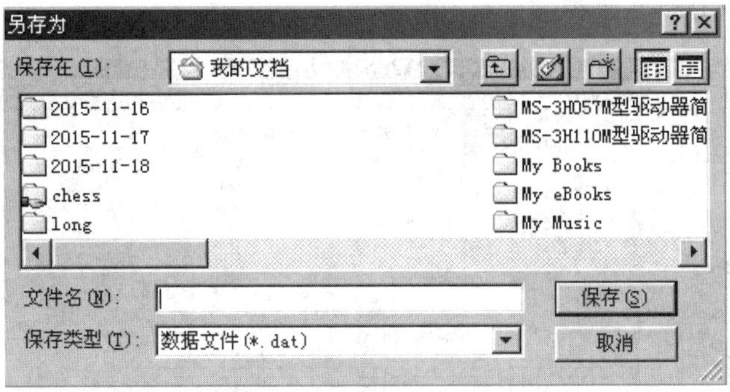

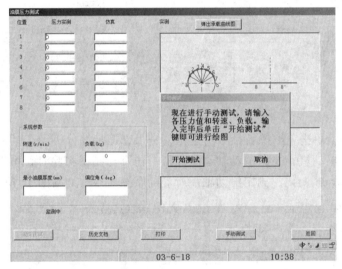

附图6

单击【手动测试】键，再按图中提示框操作，即可进行手动测试。如附图7所示。

附图7

单击【历史文档】键，弹出【打开】对话框，如附图8所示，选择后，将历史记录的滑动轴承油膜压力仿真曲线图和实测曲线图显示出来。

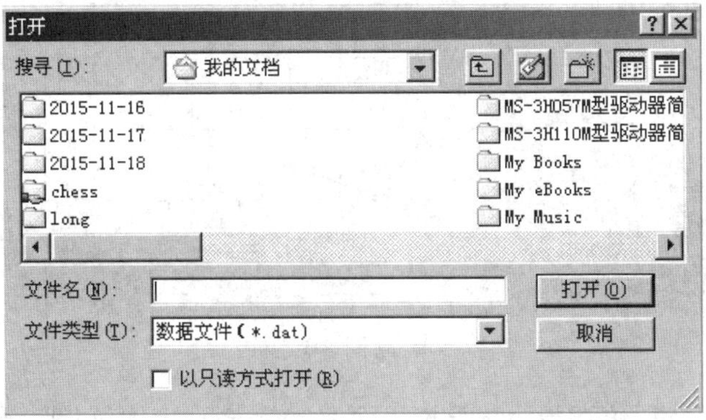

附图8

单击[打印]键，弹出【打印】对话框，选择后，将滑动轴承油膜压力仿真曲线图和实测曲线图打印出来。如附图9所示。

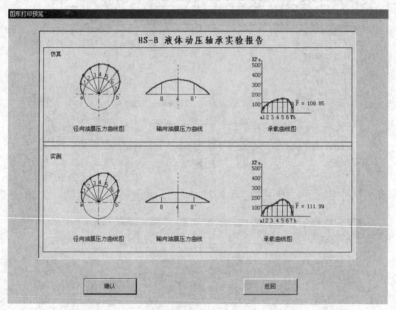

附图9

（6）在主界面上单击【摩擦特性分析】键，进入摩擦特性分析。

启动实验台的电动机，在做滑动轴承摩擦特征仿真与测试实验时，均匀旋动调速按钮，使转速在250~2 r/min变化，测定滑动轴承所受的摩擦力矩。如附图10所示。

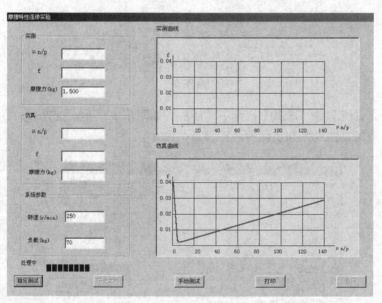

附图10

在滑动轴承摩擦特征仿真与测试分析界面上，单击[稳定测试]键，稳定采集滑动轴承各测试数据。一次完成后，在实测图中绘出一点。依次测试转速 250～2 r/min，负载为 70 kg·f 时的摩擦力。全部测试完成后，单击【稳定测试】键旁的【结束】键（此键在测试完毕后可见），即可绘制滑动轴承摩擦特征实测仿真曲线图。

如需再做实验，只需单击【清屏】键，把实测与仿真曲线清除，即可进行下一组实验，如附图 11 所示。单击【历史文档】键，弹出打开对话框，如附图 12 所示，选择后，将历史记录的滑动轴承摩擦特性的仿真曲线图和实测曲线图显示出来。

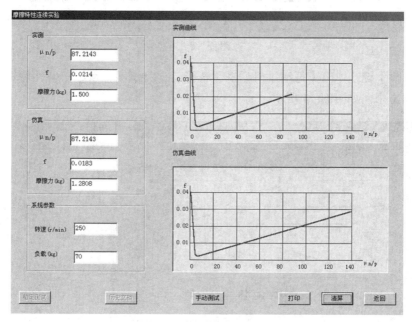

附图 11

附图 12

单击【手动测试】键，弹出输入框提示用户输入各参数，参数输入完毕后即可绘出摩擦特性的实测与仿真曲线。如附图 13 所示。一组手动测试结束后，单击【清屏】键，把实测与仿真曲线清除，即可进行下一组实验。

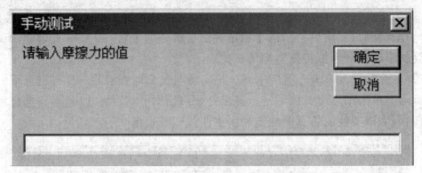

附图 13

单击【打印】键，弹出【打印】对话框，选择后，将滑动轴承摩擦特性仿真曲线图和实测曲线图打印出来。如附图 14 所示。

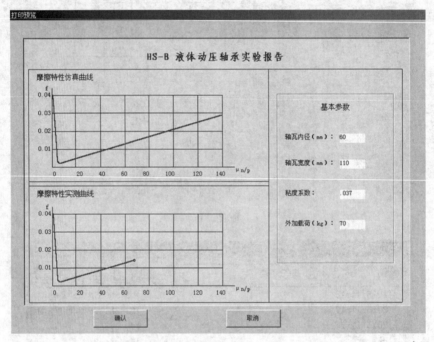

附图 14

（7）如果实验结束，单击主界面上的【退出】键，返回 Windows 界面。

实验九　减速器拆装实验

一、预备知识

1. 概　述

减速器是由封闭在刚性箱体内的齿轮传动或蜗杆传动等组成，是具有固定传动比的一种独立传动部件。减速器具有结构紧凑、效率高和维护方便等特点，故广泛应用于各种机器传动中。减速器通常用来降低转速传递动力以适应机械的要求。在少数情况下，也用来增速传递动力，这时称为增速器。由于减速器所具有的特点和应用的广泛性，它的主要参数（中心距、传动比、模数、齿宽系数与齿数和等）已实现标准化，并由专业工厂成批生产，偶尔也可根据具体情况和需要自行设计和制造。

2. 减速器的分类

减速器的类型很多，其分类方法有：

（1）根据传动类型，可分为齿轮、蜗轮和齿轮-蜗轮减速器和行星和少齿差减速器等。

（2）根据齿轮形状，可分为圆柱齿轮、圆锥齿轮和圆锥-圆柱齿轮减速器。

（3）根据传动的级数，可分为单级和多级减速器。单级圆柱齿轮减速器一般传动比 $i = 1 \sim 8$。如果 $i > 10$，则大小齿轮直径相差很大，减速器结构尺寸和重量也相应增加，这时可改用二级减速器或三级减速器。

（4）根据轴在空间的位置，可分为卧式和立式减速器。

（5）根据传动的布置形式，可分为展开式、分流式和同轴式减速器。

3. 减速器的结构

减速器一般主要由齿轮（或蜗轮）、轴、轴承和箱体四部分组成。下面着重介绍减速器箱体的结构、轴及轴上零件的定位。

1）减速器箱体结构

减速器的箱体为安置传动件的基座，应保证传动轴线相互位置的正确性。因而，轴孔必须精确加工，箱体本身必须具有足够的刚度，以免引起沿齿宽方向的载荷分布不均。为了增加箱体刚度，通常在箱体上加有筋板，箱体通常分成箱座和箱盖两部分。为便于装拆，其剖分面应与齿轮轴线所在平面相重合。剖分面之间不允许用垫片和其他任何填料（必要时为了防止漏油，允许在安装时涂一薄层水玻璃或密封胶），否则会破坏轴承和孔的配合。箱体通常用灰铸铁（HT15-33 或 HT20-40）铸成。单件生产时也可用钢板焊接而成，以降低成本。箱盖和箱座之间用螺栓连接，为了使螺栓尽量靠近轴承孔，在箱体上做成凸台，但要注意留出扳手空间。

考虑到减速器在制造、装配及维护使用过程中的特点，还需要设置一些附件。例如，为了确保上盖与箱座间相互位置的准确性，在剖分面凸缘上采用两个圆锥定位销；为了便于检视齿轮的啮合情况和注入润滑油，在箱盖上开设观察孔，平时观察孔盖用螺钉拧紧；为了更换润滑油，在箱座下部设有放油孔，平时用螺栓堵住；为了检查箱体内润滑油的多少，设有油面指标器或测油尺；考虑到减速器长时间运转，油温会逐步升高，引起箱体内气体膨胀而造成漏油，在箱盖上部设有通气器；为了便于装拆和搬运，箱盖上设有吊环；提升整体减速器时则用箱座两侧的吊钩；为了拆卸箱盖，在其凸缘上制有一或两个螺纹孔，拧入螺钉后即可顶起箱盖。

2）轴及轴上零件的定位

为保证减速器能正常工作，减速器中轴及轴上的零件均必须准确定位。轴的定位主要通过轴承的定位来实现。轴上零件的定位包括轴向定位和周向定位两个方面。轴向定位是防止零件出现轴向移动，周向定位是限制轴上零件与轴发生相对转动。轴承的周向定位主要通过与轴或轴承座孔的配合来实现；轴承的轴向定位通过在轴上的定位（指内圈的定位）和在减速器箱体中的定位（外圈的定位）来完成。轴承及轴上零件的轴向定位主要通过轴肩、档圈、套圈、圆螺母和止动垫圈来定位。而轴承外圈的轴向定位则通过减速器箱体中轴承座孔中的结构（如止口、凹槽等）和轴承盖来实现；轴上零件的周向定位方式有键、花键、销、紧定螺钉以及过盈配合等。

4. 减速器中轴承的配制方式

通常，一根轴需要两个支点支承，每个支点可由一个或一个以上的轴承组成。合理的轴承配制应考虑轴在机器中的正确位置、防止轴向窜动以及轴受热膨胀后不致将轴承卡死等因素。常用轴承配制有以下三种：

1）双支点各单向固定

这种配制通常用两个反向安装的角接触球轴承或圆锥滚子轴承，两个轴承各限制轴在一个方向上的轴向移动。这种配制适用于轴不是太长、工作时发热较少的情况。

2）一个支点双向固定、另一端游动

这种配制一个支点作为固定支承，另一端面采用游动支承结构。固定支承能承受双向轴向载荷，因此内外圈均需轴向固定。游动支承可补偿轴的热膨胀变形，通常只需固定外圈或内圈。但对于圆柱滚子轴承或滚针轴承，则内外圈均需轴向固定。此种配制适用于轴的跨距较大且工作温度较高的场合。

3）两端游动支承

对于一对人字形齿轮轴，由于人字齿轮本身具有轴向限位作用，它们的轴承内外圈的轴向固定只保证其中一根轴相对机座有固定的轴向位置，另一根轴上的两个轴承则采用游动支承，防止齿轮卡死或两侧受力不均匀。

5. 减速器的润滑与密封

为保证减速器正常工作，必须对齿轮与轴承进行润滑。齿轮一般采用油池润滑。

滚动轴承的润滑方式一般根据轴承的 dn 值来进行选取。润滑方式有脂润滑和油润滑两大类。油润滑又分为滴油、飞溅、喷油和油雾润滑。其中飞溅润滑主要靠齿轮飞溅到箱盖上的油顺着内壁流入箱体接合面的油沟中，并沿着油沟导入各个轴承进行润滑。当采用脂润滑时，须在轴承内侧设置挡油环，以免油池中的油进入轴承内稀释润滑脂。

减速器需密封的部位很多，密封结构种类繁多，可根据不同的工作条件和使用要求进行选择。

（1）轴端的密封：轴的伸出端密封主要是防止轴承处的油流出和箱外的污物、灰尘、水分等杂物进入轴承内。常用的密封有毡圈密封和密封圈密封；轴承靠近箱体内侧的密封，则主要采用挡油环或封油环来实现。

（2）箱体接合面的密封：通常装配时在箱体接合面上涂密封胶来密封。

二、实验目的要求

（1）熟悉减速器的结构。

（2）了解减速器中各附件名称、作用、结构及安装位置要求。

（3）观察减速器中轴及轴系部件的结构和定位方法，加深对结构工艺、装配工艺知识的理解和掌握。

（4）掌握减速器拆装的过程、步骤和方法，培养拆装机器的实践能力。

三、实验设备及仪器

（1）各种型号的减速器。

（2）组装、拆卸工具：十字起子、活动扳手、内六角扳手、钢板尺、卷尺等。

（3）（自备）草稿纸、笔、绘图工具等。

四、实验原理与内容

（1）观察了解各种类型减速器的特点、功能及其使用范围。

（2）详细观察了解轴和齿轮的结构特点、功能及轴上各零件的定位方式。

（3）了解轴承端盖、观察孔、油面指示器、通气器、出油孔、定位销、起盖螺钉等所处的位置、结构特点及其功用。

（4）了解各零部件之间的相对位置，必要时进行一些测量。例如，齿轮啮合的侧隙，轴系的轴向游隙，齿轮顶圆和端面与箱体间的距离，轴承端面与箱体内侧的距离，箱体连接螺钉和地脚螺钉孔的间距等。

五、实验步骤

（1）观察减速器外貌，了解各附件所处的位置和结构特点及其功用。正反转动高速轴，手感齿轮啮合的侧隙。轴向移动高速轴和低速轴，手感轴系的轴向游隙。

（2）打开观察孔盖，转动高速轴，观察齿轮啮合情况。注意观察孔所在的位置。用细铅丝一段（直径不超过所测间隙的 3～4 倍）放于非工作齿面上，旋转一周后，取出，测量铅丝的厚度，即为齿侧间隙。

（3）取下高速轴或低速轴一端的轴承压盖，用三段细铅丝均匀置于压盖的凸台上，重新装好压盖于箱体上，再取下压盖并测量铅丝厚度，其值即为轴系的轴向游隙；如果装配减速器，在压盖与箱体端面间放入细铅丝，拧紧端盖螺钉至轴不能转动为止，取出并测量铅丝厚度，再加上轴向游隙，即为压盖的垫片厚度。

（4）取出定位销钉和箱盖的轴承压盖螺钉，再取出箱体连接螺钉，然后旋动起盖螺钉，待箱盖离开下箱体 3～5 mm 后，用吊环螺钉取下箱盖，并翻转 180° 放置平稳，以免损伤接合面。

（5）观察各零部件间的相对位置，并根据实验报告中的要求进行相应数据的测量。

（6）取出轴承压盖，取出轴系部件放于实验台上，详细观察了解齿轮、轴和和箱体的结构，并进行必要的测量。

（7）全部工作完成后，再依次进行装配。首先放入轴系部件，再装上轴承压盖并旋入箱体上的压盖螺钉，注意不要拧紧。然后旋回起盖螺钉，再装好箱盖，打入定位销钉，旋入箱盖上的压盖螺钉，亦不拧紧。装入箱体连接螺钉并拧紧，然后拧紧压盖螺钉，最后装好观察孔盖。

（8）经老师检查装配正确、工具齐全后，再离开实验室。

六、注意事项

（1）实验前一定要认真阅读实验指导书，明确实验目的要求和实验步骤。
（2）拆装过程中不得用锤子和其他工具打击任何零件。
（3）拆装过程中同学之间要相互配合，要做到轻拿轻放，以防砸伤手脚。
（4）拆下的零件要分类摆放，并做好拆卸记录，以保证减速器的正确装配。

七、思考题

（1）相互啮合的齿轮间为什么要有齿侧间隙？
（2）为什么轴承的端部与箱体内壁间均有一定的距离？
（3）减速器中各级轴为何要有轴向间隙？
（4）分析一下减速器的轴端是如何密封的？
（5）设置通气器的作用是什么？
（6）齿轮在轴上安装时，为何轮毂宽度要大于配合轴段长度？

八、实验报告式样

实验九　减速器拆装实验报告

1．实验目的

2．实验仪器设备

3．实验记录

（1）绘出实验减速器的传动示意简图

（2）正确绘出一个轴系部件装配图

要求按比例绘制，但可只画出中心线以上的一半，允许用白纸或坐标绘制后贴上，并要求标出轴承的型号、键的尺寸、轴肩高度、配合处轴的过渡圆角和孔的倒角等有关尺寸。

（3）测量数据

名　　称	符　　号			数　　值		
箱盖连接螺栓直径	D_1					
上箱盖连接螺栓孔直径	D_0					
低速级齿轮的模数	m_1					
高速轴轴承的内径、外径、宽度	d	D	B			
高速轴齿轮的齿侧间隙	δ_1					
高速轴的轴向游隙	δ_2					
大齿轮齿顶距箱体内底部的距离	Δ_1					
输入轴与输出轴间的中心距	a					
输入轴的中心高	H					
下箱体壁厚	t					
齿轮端部与箱体壁的距离（最近）	Δ_2					
大齿轮轮毂宽度	b					
与大齿轮轮毂相配合的轴段的长度	l					
减速器传动比	i					

（4）说明所绘轴系部件中的轴是如何实现轴向定位的

实验十　机械传动性能综合测试实验

一、预备知识

　　机械传动装置位于原动机和工作机之间，用以传递运动和动力。传动装置的方案设计是否合理，对整个机械的工作性能、尺寸、重量和成本均有着重大影响。因此，必须做好传动方案设计这个关键环节。

1. 对传动方案的要求

　　合理的传动方案首先应满足工作机的性能要求，其次还应满足工作可靠、传动效率高、结构简单、尺寸紧凑、成本低廉、工艺性好、使用和维护方便等要求。任何一个方案，通常难以同时满足上述所有要求。故在方案选择时，要综合考虑，所选方案应首先满足最主要和最基本的要求。

2. 传动方案的拟订

　　为达到传动方案的性能要求，通常可采用不同传动机构进行多种组合和布局，从而得出不同的传动方案。在具体确定传动方案时，应充分了解各种传动机构的性能及适用条件，结合工作机构对传动的具体要求，对各种传动方案进行分析比较，最终确定合理的传动方案。

　　由于原动机通常采用电动机，而电机的转速与工作机要求的转速往往相差较大。因此，多数情况下传动方案须采用多级传动。在多级传动中，就存在如何正确选择传动机构和传动机构的排列顺序的问题。为保证传动方案的合理性和科学性，必须熟知各种传动机构的特点。

　　（1）齿轮传动，具有承载能力大、效率高（92%～99%）、允许速度高、尺寸紧凑、寿命长等特点。因此，在传动装置中一般应首先采用齿轮传动。

　　斜齿圆柱齿轮传动：由于斜齿圆柱齿轮传动的承载能力和平稳性比直齿圆柱齿轮传动好，故在高速级或要求传动平稳的场合常采用斜齿圆柱齿轮传动。

　　开式齿轮传动：由于这种传动的润滑条件和工作环境恶劣、磨损快、寿命短，故应将其布置在低速级。

　　锥齿轮传动：当其尺寸太大时，加工困难，因此应将其布置在高速级，并限制其传动比，以控制其结构尺寸。

　　（2）蜗杆传动具有传动比大、结构紧凑、工作平稳等优点，但其传动效率低（40%～99%）。因此，通常用于中小功率、间断工作或要求自锁的场合。蜗杆传动在高速时，蜗轮蜗杆能形成较高的相对滑移速度，有利于形成润滑油膜而提高传动效率。因此，为提高传动效率、减小结构尺寸，通常将其布置在高速级。

（3）带传动，传动效率 94%～98%，具有传动平稳、吸振等特点，能起过载保护作用。但由于它是靠摩擦力来工作的，在传递同样功率的条件下，当带速较低时，传动结构尺寸较大。为了减小带传动的结构尺寸，应将其布置在高速级。

（4）链传动，传动效率 90%～98%，由于工作时链速和瞬时传动比呈周期性变化、运动不均匀、冲击振动大，因此为了减小振动和冲击，应将其布置在低速级。

二、实验目的要求

（1）通过测试常见机械传动装置（如带传动、链传动、齿轮传动、蜗杆传动等）在传递运动与动力过程中的参数曲线（速度曲线、转矩曲线、传动比曲线、功率曲线及效率曲线等），加深对常见机械传动性能的认识和理解。

（2）通过测试由常见机械传动机构组成的不同传动系统的参数曲线，掌握机械传动合理布置的基本要求。

（3）通过实验认识机械传动性能综合测试实验台的工作原理，掌握计算机辅助实验的新方法，培养进行设计性实验与创新性实验的能力。

三、实验设备及仪器

本实验所用设备为机械传动性能综合测试实验台。学生可以根据已选择的实验类型、方案和内容，自己动手进行传动连接、安装调试和测试，从而完成设计性实验、综合性实验或创新性实验项目。

1. 组成及结构

实验台采用模块化结构，由不同种类的机械传动装置、联轴器、变频电机、加载装置和工控机等模块组成，其硬件组成部件的结构布局如图 2-12 所示。

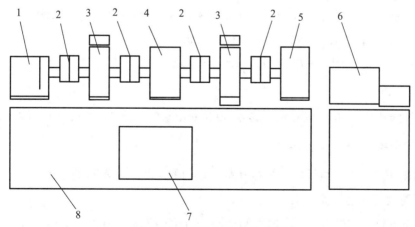

图 2-12 实验台的结构布局

1—变频调速电机；2—联轴器；3—转矩转速传感器；4—试件；
5—加载与制动装置；6—工控机；7—电器控制柜；8—台座

2. 主要技术参数

1）动力部分

三相感应变频电机：额定功率 0.55 kW；同步转速 1 500 r/min；输入电压 380 V

变频器：输入规格 AC 3PH 380 ~ 460 V 50/60 Hz

　　　　输出规格 AC 0 ~ 240 V 1.7 kVA 4.5A

　　　　变频范围 2 ~ 200 Hz

2）测试部分

ZJ10 型转矩转速传感器：额定转矩 10 N·m，转速范围 0 ~ 6 000 r/min

ZJ50 型转矩转速传感器：额定转矩 50 N·m，转速范围 0 ~ 5 000 r/min

TC-1 转矩转速测试卡：扭矩测试精度 ±0.2%FS，转速测量精度 ±0.1%

PC-400 数据采集控制卡

（3）被测部分

直齿圆柱齿轮减速器：减速比 1：5；齿数 $Z_1 = 19$，$Z_2 = 95$；法向模数 $m_n = 1.5$；

　　　　　　　　　中心距 $a = 85.5$ mm

摆线针轮减速器：减速比 1：9

蜗轮减速器：减速比 1：10；蜗杆头数 $z_1 = 1$；中心距 $a = 50$ mm

同步带传动：带轮齿数 $Z_1 = 18$，$Z_2 = 25$；节距 $L_P = 9.525$；

　　　　　　　L 型同步带 3 × 14 × 80，3 × 14 × 95

V 带传动：带轮基准直径 $d_1 = 70$ mm　$d_2 = 115$ mm　O 型带 $L_d = 900$ mm

　　　　　带轮基准直径 $d_1 = 76$ mm　$d_2 = 145$ mm　O 型带 $L_d = 900$ mm

　　　　　带轮基准直径 $d_1 = 70$ mm　$d_2 = 88$ mm　O 型带 $L_d = 630$ mm

链传动：链轮 $Z_1 = 17$，$Z_2 = 25$；滚子链 08A-1 × 72　GB/T 6069—2002

　　　　滚子链 08A-1 × 52　GB/T 6009—2002

　　　　滚子链 08A-1 × 66　GB/T 6009—2002

4）加载部分

FZ-5 型磁粉制动（加载）器：额定转矩 50 N·m；激磁电流 0 ~ 2 A；允许滑差功率 1.1 kW。

3. 实验台各部分的安装连线

（1）先接好工控机、显示器、键盘和鼠标之间的连线，显示器的电源线接在工控机上，工控机的电源线插在电源插座上。

（2）将主电机、主电机风扇、磁粉制动器、ZJ10 传感器（辅助）电机、ZJ50 传感器（辅助）电机与控制台连接，其插座位置在控制台背面右上方（见图 2-13）。

（3）输入端 ZJ10 传感器信号口 Ⅰ、Ⅱ接入工控机内卡 TC-1（300H）信号口 Ⅰ、Ⅱ，输出端 ZJ50 传感器信号口 Ⅰ、Ⅱ接入工控机内卡 TC-1（340H）信号口 Ⅱ（见图 2-14）。

（4）将控制台 37 芯插头与工控机连接，即将实验台背面右上方标明为工控机的插座与工控机内 D/A 控制卡相连（见图 2-13、图 2-14）。

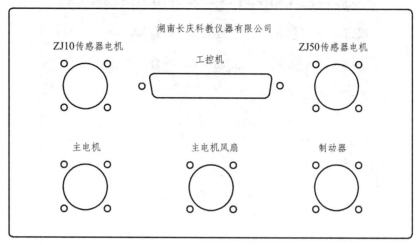

图 2-13　接线图（一）

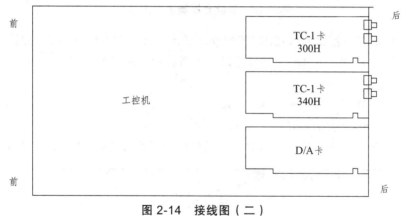

图 2-14　接线图（二）

四、实验原理与内容

机械传动性能综合测试实验台的工作原理如图 2-15 所示。

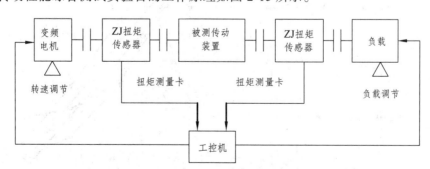

图 2-15　机械传动性能综合测试实验台的工作原理

本实验台采用自动控制测试技术设计，所有电机程控起停，转速程控调节，负载程控调节，用扭矩测量卡替代扭矩测量仪，整台设备能够自动进行数据采集处理，自动输出实验结果。其控制系统主界面如图 2-16 所示。

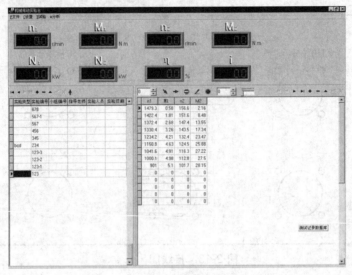

图 2-16　实验台控制系统主界面

利用实验台的自动控制测试技术，能自动测试出机械传动的性能参数，如转速 n（r/min）、扭矩 M（N·m）、功率 N（kW），并按照以下关系自动绘制参数曲线。

传功比　　　$i = n_1/n_2$

扭矩　　　　$M = 9\,550\,N/n$　（N·m）

传功效率　　$\eta = N_2/N_1 = M_1 n_2 / M_2 n_1$

根据参数曲线（见图 2-17）可以对被测机械传动装置或传动系统的传动性能进行分析。

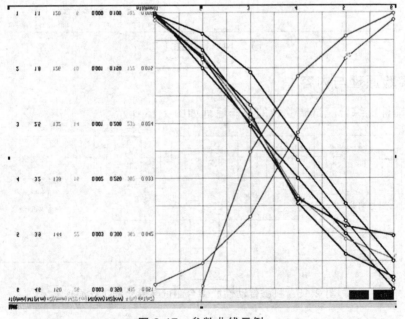

图 2-17　参数曲线示例

由于采用模块化结构，因此可选择不同传动部件，通过支承连接，构成链传动、V带传动等多种典型单级传动性能综合测试实验台。通过传动部件的组合搭配，可构成齿轮-链传动、带-齿轮传动等两级机械传动性能综合测试实验台。实现传动系统传递运动与动力过程中的各种参数曲线测试，以评价传动系统的综合性能。

实验台可完成的实验项目具体见表 2-2。

表 2-2   实验台可进行的实验项目

类型编号	实验项目名称	被测试件	项目适用对象	备　　注
A	典型机械传动装置性能测试实验	在带传动、链传动、齿轮传动、摆线针轮传动、蜗杆传动等传动机构中选择	专、本科	
B	组合传动系统布置优化实验	由典型机械传动装置按设计思路组合	本科	可另购其他设备进行拓展性实验

五、实验步骤

参考图 2-18 所示实验步骤，用鼠标和键盘进行实验操作。

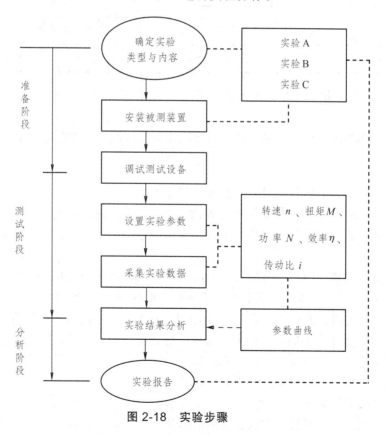

图 2-18　实验步骤

1．准备阶段

（1）认真阅读《实验台使用说明书》。

（2）确定实验类型与实验内容。

选择实验 A（典型机械传动装置性能测试实验）时，可从 V 带传动、同步带传动、套筒滚子链传动、圆柱齿轮减速器、蜗杆减速器中选择 1~2 种进行传动性能测试实验；

选择实验 B（组合传动系统布置优化实验）时，则要确定选用的典型机械传动装置及其组合布置方案，并进行方案比较实验，如表 2-3 所示。

表 2-3　实验内容

编　　号	组合布置方案 a	组合布置方案 b
实验内容 B1	V 带传动-齿轮减速器	齿轮减速器-V 带传动
实验内容 B2	同步带传动-齿轮减速器	齿轮减速器-同步带传动
实验内容 B3	链传动-齿轮减速器	齿轮减速器-链传动
实验内容 B4	带传动-蜗杆减速器	蜗杆减速器-带传动
实验内容 B5	链传动-蜗杆减速器	蜗杆减速器-链传动
实验内容 B6	V 带传动-链传动	链传动-V 带传动
实验内容 B7	V 带传动-摆线针轮减速器	摆线针轮减速器-V 带传动
实验内容 B8	链传动-摆线针轮减速器	摆线针轮减速器-链传动

（3）布置、安装被测机械传动装置（系统）。注意选用合适的调整垫块，确保传动轴之间的同轴度要求。

（4）按《实验台使用说明书》要求对测试设备进行调零，以保证测量精度。

2．测试阶段

（1）打开实验台电源总开关和工控机电源开关。

（2）点击 Test 显示测试控制系统主界面，熟悉主界面的各项内容。

（3）键入实验教学信息标：实验类型、实验编号、小组编号、实验人员、指导老师、实验日期等。

（4）点击"设置"，确定实验测试参数：转速 n_1、n_2，扭矩 M_1、M_2 等。

（5）点击"分析"，确定实验分析所需项目：曲线选项、绘制曲线、打印表格等。

（6）启动主电机，进入"试验"。使电动机转速加快至接近同步转速后，进行加载。加载时要缓慢平稳，否则会影响采样的测试精度。待数据显示稳定后，即可进行数据采样。分级加载，分级采样，采集数据 10 组左右即可。

（7）从"分析"中调看参数曲线，确认实验结果。

（8）打印实验结果。

（9）结束测试。注意逐步卸载，关闭电源开关。

3．分析阶段

（1）对实验结果进行分析。对于实验 A 重点分析机械传动装置传递运动的平稳性和传递动力的效率；对于实验 B，重点分析不同的布置方案对传动性能的影响。

（2）整理实验报告。实验报告的内容主要为：测试数据（表）、参数曲线、对实验结果的分析、实验中的新发现、新设想或新建议。

六、注意事项

（1）本实验台采用的是风冷式磁粉制动器，注意其表面温度不得超过 80 ℃，实验结束后应及时卸除载荷。

（2）在施加试验载荷时，"手动"应平稳地旋转电流微调旋钮，"自动"也应平稳地加载，并注意输入传感器的最大转矩分别不应超过其额定值的 120%。

（3）无论做何种实验，均应先启动主电机后加载荷，严禁先加载荷后开机。

（4）在试验过程中，如遇电机转速突然下降或者出现不正常的噪声和震动时，必须卸载或紧急停车（关掉电源开关），以防烧坏电机、电器，引发其他意外事故。

（5）变频器出厂前已完成设定，若需更改，必须由专业技术人员或熟悉变频器之技术人员担任，否则不适当的设定将造成人身安全和损坏机器等意外事故。

七、思考题

（1）确定传动系统的方案时，需考虑哪些因素？
（2）当传动链中同时采用圆锥齿轮传动和圆柱齿轮传动时，哪一个应放在高速级？
（3）常用传动机构所传递的功率及工作速度范围是怎样的？
（4）改变传动次序会影响传动效率吗？

八、实验报告式样

实验十　机械传动性能综合测试实验报告

1．实验目的

2．实验仪器设备

3．实验记录

（1）电机转速恒定

数据编号	转速 n_2	输入力矩 T_1	输出力矩 T_2	效率 η
1				
2				
…	…	…	…	…

效率曲线（ η-n_2 ）

（2）输出力矩恒定

数据编号	电机转速 n_1	输入力矩 T_1	输出转速 T_2	效率 η
1				
2				
…	…	…	…	…

效率曲线（ η-n_1 ）

4．结果分析

5．思考题

第三部分

工程力学实验

工程力学课程的基本任务是对各类型的构件作强度、刚度及稳定的计算和分析（包括用实验方法）。这些计算和分析是工程技术人员在保证安全和最经济的使用材料前提下，为构件选择材料和尺寸的必要基础。工程力学实验是工程力学课程的重要实践环节，是理论研究和解决工程实际问题的手段。

工程力学实验包括以下三方面的内容：

（1）研究和检验材料的力学性能（机械性能），就是材料必须具有的抵抗外力作用而不超过允许变形或不破坏的能力，这种能力表现为材料的强度、刚度、韧性、弹性及塑性等。

（2）验证工程力学的理论和定律，工程力学的理论往往以一定的简单假设为基础，这些假设多来自实验观察，而所建立的理论的正确性也必须经过实验的检验，因此验证理论的正确性也是工程力学实验的重要内容之一。

（3）应力应变分析，即采用电测法，初步掌握电测法的基本原理和方法，验证梁弯曲时正应力的分布、主应力测定实验和学习用电测法测定平面应力状态下的主应力大小和方向。

该部分根据生产实际的需要和课程的特点安排了一些典型的实验项目，以期达到开发学生智力、分析问题和解决实际问题的能力。

实验十一 金属材料拉伸实验

一、预备知识

材料的力学性能，反映了在一定环境条件下材料受力和变形之间的关系及破坏的特性，决定着材料的适用条件和范围。而材料力学性能的确定，只有通过试验才能得到。拉伸试验是材料力学性能实验中最基本、最重要的实验之一。通过拉伸实验可以测定材料在静拉伸条件下的强度、弹性、塑性、应变硬化等多项重要的力学性能指标，同时可以观察到拉伸载荷作用下材料的变形及失效行为或失效特征，而且由此结果还能推断（或预测）出材料在其他变形形式下的某些力学性能，如疲劳、断裂性能等。在工程应用中，拉伸性能是分析结构静强度设计是否合理和评定材质或工艺优劣，以及分析构件受力破坏原因等的重要依据。本实验项目介绍在室温大气环境、准静态单向拉伸载荷作用下，用光滑试样测定的材料力学性能指标，并绘制相应的特性曲线，使实验者对典型材料的性质有较好的认识。

二、实验目的

（1）了解实验设备——万能材料试验机的构造和工作原理，掌握其操作规程及使用时的注意事项。

（2）测定低碳钢的屈服极限（流动极限）σ_s、强度极限 σ_b、伸长率 δ、断面收缩率 ψ。

（3）测定铸铁的强度极限 σ_b。

（4）观察以上两种材料在拉伸过程中的各种现象，并利用自动绘图装置绘制拉伸图（P-ΔL 曲线）。

（5）比较低碳钢（塑性材料）与铸铁（脆性材料）拉伸时的机械性能。

三、实验设备及仪器

实验设备为 WE-600B 型万能材料试验机，如图 3-1 所示。

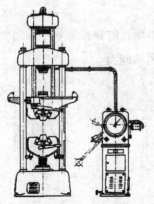

图 3-1 液压式万能材料试验机外形图

下面将万能材料试验机的构造、工作原理及操作规程介绍如下：

在工程力学实验中，最常用的仪器是万能材料试验机。它可以做拉伸、压缩、剪切、弯曲等实验，故习惯上称它为万能材料试验机，简称为全能机。WE-600B型液压摆式万能材料试验机的构造原理示意图如图3-2所示。

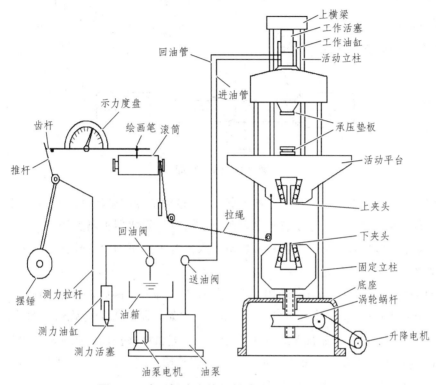

图 3-2　液压摆式万能材料试验机原理示意图

1．加力部分

在试验机的底座上，装有两根固定立柱，立柱支承着固定横梁及工作油缸。当开动油泵电动机后，电动机带动油泵，将油箱里的油，经送油阀送至工作油缸，推动其工作活塞，使上横梁、活动立柱和活动平台向上移动。如将拉伸样装于上夹头和下夹头内，当活动平台向上移动时，因下夹头不动，而上夹头随着平台向上移动，则试样受到拉伸；如将试样装于平台的承压垫板间，平台上升时，则试样受到压缩。

做拉伸实验时，为了适应不同长度的试样，可开动下夹头的电动机使之带动蜗杆、蜗杆带动蜗轮、蜗轮再带动丝杆，可控制下夹头上、下移动，调整适当的拉伸空间。

2．测力部分

装在试验机上的试样受力后，其受力大小可在示力盘上直接读出。试样受了载荷的作用，工作油缸内的油就具有一定的压力。这压力的大小与试样所受载荷的大小成比例。而测力油管将工作油缸与测力油缸连通，则测力油缸就受到与工作油缸相等的油压。此油压推动测力活塞，带动测力拉杆，使摆杆和摆锤绕支点转动。试样受力愈大，摆的转角也愈大。摆杆转动时，它上面的推杆便推动水平齿条，从而使齿轮带动测力指针旋转，这样便可从测力度盘上读出试样受力的大小。摆锤的重量可以调换，一般试验机可以更换三种锤重，故测力度盘上也相应有三种刻度。这三种刻度对应着机器的三种不同的量程。WE-600 型万能试验机有 0 ~ 120 kN、0 ~ 300 kN、0 ~ 600 kN 三种测量量程。

3. 实验试样

试样的各部分名称如图 3-3 所示。

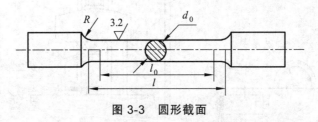

图 3-3　圆形截面

夹持部分用来装入试验机夹具中以便夹紧试样，过渡部分用来保证标距部分能均匀受力，这两部分的形状和尺寸，决定于试样的截面形状和尺寸以及机器夹具类型。

试样的尺寸和形状对材料的塑性性质影响很大。为了能正确地比较材料的机械性质，国家对试样尺寸作了标准化规定。

按现行国家标准 GB/T 288.1—2010 的规定，拉伸试样分比例试样和非比例试样两种。比例试样系数按公式 $l_0 = K\sqrt{A_0}$ 计算而得。式中，l_0 为原始标距，A_0 为标距部分原始截面面积，比例系数 K 的值为 5.65。原始标距应不小于 15 mm。当试样横截面面积太小，以致采用比例系数为 5.65 的值不能符合这一最小标距要求时，可采用较高的值（优先采用 11.3）。非比例试样的原始标距与其原横截面面积无关。

4. 操作步骤

（1）加载前，测力指针应指在度盘的"零"点，否则必须加以调整。调整时，先开动油泵电动机，将活动平台升起 3 ~ 5 mm，然后稍旋动摆杆上的平衡铊，使摆杆保持铅直位置，再转动水平齿条使指针对准"零"点。之所以先升起活动平台才调整零点的原因，是由于上横梁、活动立柱和活动平台等有相当大的质量，要有一定的油压才能将它升起。但是这部分油压并未用来给试样加载，不应反映到试样载荷的读数中去。

（2）选择量程，装上相应的锤重。重复（1）步骤，校准"零"点。调好回油缓冲器的旋钮，使之与所选的量程相同。

（3）安装试样。压缩试样必须放置垫板。拉伸试样则须调整下夹头位置，使拉伸区间与试样长短适应。注意：试样夹紧后，绝对不允许再调整下夹头，否则会造成烧毁下夹头电动机的严重事故。

（4）检查送油、回油阀，一定要注意它们均应在关闭位置。

（5）开动油泵电动机，缓缓打开送油阀，用慢速均匀加载。

（6）实验完毕，立即停车取下试样。这时关闭送油阀，缓慢打开回油阀，使油液泄回油箱，于是活动平台到原始位置。最后将一切机构复原，并清理机器。

5．注意事项

（1）开车前和停车后，送油阀、回油阀一定要在关闭位置。加载、卸载和回油均应缓慢进行。加载时要求测力指针匀速平稳地走动，应严防送油阀开得过大，测力指针走动太快，致使试样受到冲击作用。

（2）拉伸试样夹住后，不得再调整下夹头的位置，以使带动下夹头升降的电动机烧坏。

（3）机器运转时，操纵者必须集中注意力，中途不得离开，以免发生安全事故。

（4）试验时，不得触动摆锤，以免影响试验读数。

（5）在使用机器的过程中，如果听到异声或发生任何故障时应立即停车（切断电源），进行检查和修复。

四、实验原理与内容

（1）为了检验低碳钢拉伸时的机械性质，应使试样轴向受拉直到断裂，在拉伸过程中以及试样断裂后，测读出必要的特征数据（如：P_S、P_b、L_1、d_1）经过计算，便可得到表示材料力学性能的四大指标：σ_s、σ_b、δ、ψ。

（2）铸铁属脆性材料，轴向拉伸时，在变形很小的情况下就断裂，故一般测定其抗拉强度极限σ_b。

五、实验方法与步骤

1．低碳钢拉伸实验

（1）测定试样的截面尺寸——圆试样测定其直径d_0的方法是：在试样标距长度的两端和中间三处予以测量，每处在两个相互垂直的方向上各测一次，取其算术平均值，然后取这三个平均数的最小值作为d_0；矩形试样测三个截面的宽度b与厚度a，求出相应的三个A_0，取最小的值作为A_0。A_0的计算精确度：当$A_0 \leqslant 100$ mm^{2}时A_0取小数点后面一位，当$A_0 > 100$ mm^{2}时A_0取整数，所需位数以后的数字按四舍六入五成双处理。

（2）试样标距长度l_0除了要根据圆试样的直径d_0或矩形试样的截面面积A_0来确定外，还应将其化整到 5 mm 或 10 mm 的倍数。小于 1.5 mm 的数值舍去之；等于或大于 2.5 mm 但小于 7.5 mm 者化整为 5 mm；等于或大于 7.5 mm 者进为 10 mm。在标距长度的两端各打一小标点，此二点的位置，应做到使其连线平行试样的轴线。两标点之间用分划器等分 10 格或 20 格，并刻出分格线，以便观察变形分布情况，测定延伸率δ。

（3）根据低碳钢的强度极限，估计加在试样上的最大载荷，据此选择适当的机器量程（也称载荷级）。

每台全能机都有几个载荷级，其刻度范围均自零至该级载荷的最大值。由于机器测力部分本身精确度的限制，每级载荷的刻度范围只有一部分是有效的。有效部分的规律如下：

下限不小于该载荷级最大值的 10%，且不小于整机最大载荷的 4%；

上限不大于该载荷级最大值的 90%。

实验时应保证全部待测载荷均在此范围之内。就本次实验来说，也就是须保证屈服载荷 P_s 和极限载荷 P_b 均在该范围之内。假使机器有两个载荷级都能满足要求，则应取较小的载荷级以提高载荷测读精度。

选定好机器量程，挂好相应摆锤之后就可按一般程序调整试验机，安装试样，并试车一次，即预加少量载荷然后卸载至零点附近。试车的目的是检查包括自动绘图装置在内的试验机工作是否正常。

（4）试车正常后，正式实验即可开始。

用慢速加载，使试样的变形匀速增长。国家标准规定的拉伸速度是：屈服前，应力增加速度为 10 N/mm²/s（1 kg·f/mm²/s），屈服后，试验机活动夹头在负荷下的移动速度不大于 $0.5 \, l_0/\mathrm{min}$。在试样匀速变形的过程中，测力盘上的指针起初也是匀速前进的，但是，当指针停止前进或来回摆时就表明试样进入屈服阶段，读出此时的最小载荷 P_s。借助于试验机上自动绘出的载荷变形曲线可以帮助我们更好的判断屈服阶段的到达。对于低碳钢来说，屈服时的曲线如图 3-4 所示，屈服阶段终了以后，要使试样继续变形，就必须加大载荷。这时载荷变形曲线将开始上升。

材料进入强化阶段。如果在这一阶段的某一点处进行卸载，则可以在自动绘图仪上得到一条卸载曲线，实验表明，它与曲线的起始直线部分基本平行。卸载后若重新加载，加载曲线则沿原卸载曲线上升直到该点，此后曲线基本上与未经卸载的曲线重合，这就是冷作硬化效应。

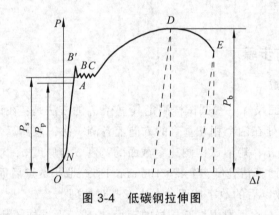

图 3-4　低碳钢拉伸图

随着实验的继续进行，载荷变形曲线将前因后果趋平缓。当载荷达到最大 P_b 之后，测力指针也相应地由慢到快地回转。最后试样断裂。根据测得的 P_b 可以按 $\sigma_b = P_b / A_0$ 计算出强度极限 σ_b。

试样断后标距部分长度 l_1 的测量：将试样拉断后的两段在拉断处紧密对接起来，尽量使其轴线位于一条直线上。拉断处由于各种原因形成缝隙，则此缝隙应计入试样拉断后的标距部分长度内。

测量了 l_1，按下式计算伸长率，即

$$\delta = \frac{l_1 - l_0}{l_0} \times 100\% \tag{3-1}$$

拉断后缩颈处截面面积 A_1 的测定：

圆形试样在缩颈最小处两个相互垂直方向上测量其直径，用二者的算术平均值作为断口直径 d_1，来计算其 A_1。断面收缩率按下式计算：

$$\psi = \frac{A_0 - A_1}{A_0} \times 100\% \qquad (3-2)$$

最后，在进行数据处理时，按有效数字的选取和运算法则确定所需的位数，所需位数后的数字，按四舍六入五成双处理。

2. 灰铸铁试样的拉伸实验

灰铸铁这类脆性材料拉伸时的载荷-变形曲线如图 3-5 所示。它不像低碳钢拉伸那样明显可为分线性、屈服、颈缩、断裂四个阶段而是一根非常接近直线状的曲线，并没有下降段。灰铸铁试样是在变形非常微小的情况下突然断裂的，断裂后几乎测不到残余变形。注意到这些特点，可知灰铸铁不仅不具有 σ_s，而且测定它的 δ 和 ψ 也没有实际意义。这样，对灰铸铁只需测定它的强度极限 σ_b 即可。

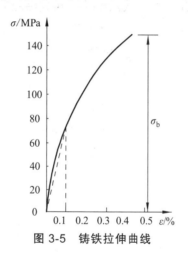

图 3-5　铸铁拉伸曲线

测定 σ_b 可取制备好的试样，只测出其截面面积 A_0，然后装在试验机上逐渐缓慢加载直到试样断裂，记下最后载荷 P_b，据此即可算得强度极限 $\sigma_b = \dfrac{P_b}{A_0}$。

（1）测量试样的尺寸。在试样标距范围内的中间以及两标距点的内侧附近，分别用游标卡尺在相互垂直方向上测取试样直径的平均值作为试样在该处的直径，取三者中的最小值作为计算直径。

（2）试样安装。按操作规程使用万能试验机拉伸试样，观察屈服和颈缩现象，直至试样被拉断为止，并分别记录屈服载荷 P_s 和最大载荷 P_b。并打印实验数据。

（3）取下拉断的试样，将断口吻合压紧，用游标卡尺量取断口处的最小直径和两标点之间的距离。

六、注意事项

（1）课前预习实验教材，并充分注意实验现场指导教师对万能试验机的使用方法及操作步骤所作的进一步介绍。

（2）试样安装时应防止偏斜或夹入部分过短现象，以免影响实验结果或损坏试验机夹块。

（3）实验时若听到异常声音或发生任何故障，应立即停机，并及时告知教师。

七、思考题

（1）低碳钢和灰铸铁在常温静载拉伸时的力学性能和破坏形式有何异同？

（2）测定材料的力学性能有何实用价值？

（3）你认为产生试验结果误差的因素有哪些？应如何避免或减小其影响？

八、实验报告式样

实验十一 金属材料拉伸实验报告

1．实验目的

2．实验设备

3．试件形状简图

4．实验数据记录

试件原始尺寸

材料	标距 L_0（mm）	直径（mm）									最小横截面面积 A_0（mm²）
		横截面1			横截面2			横截面3			
		（1）	（2）	平均	（1）	（2）	平均	（1）	（2）	平均	
低碳钢											
铸铁											

实验数据

材　料	屈服载荷（kN）	最大载荷（kN）	拉断后标距（mm）	断口处直径（mm）					断口处横截面面积（mm²）
				（1）	（2）	（3）	（4）	平均	
低碳钢									
铸铁									

5．实验数据处理

（1）低碳钢强度指标与塑性指标计算

（2）铸铁强度指标计算

（3）填写下表，绘出拉伸过程中的 $F\text{-}\Delta L$ 曲线。

材　料	强度指标（MPa）		塑性指标（%）		断口形状	
	σ_s	σ_b	δ	ψ	低碳钢	铸铁
低碳钢						
铸铁						

6．思考题

实验十二　金属材料压缩实验

一、预备知识

工程上除了有许多受拉构件外，还有许多构件是承受压力的，如机座、桥墩、屋柱等，因此为了合理选材，有效发挥材料承载能力的优势，必须通过压缩实验来认识材料在受到压缩时的力学性能和破坏特性。通过压缩试验可与拉伸试验相比较，例如，由拉、压试验知道灰铸铁在拉伸、压缩、弯曲时的强度极限各不相同。工程上就利用铸铁压缩强度高这一特点，用它制造机床底座、泵体等受压构件。大量实验结果表明，脆性材料的拉伸和压缩力学性能及破坏形式差异很大，压缩承载能力比其抗拉伸能力强很多。因此，对于像灰铸铁、铸造铝合金、混凝土、砖石及树脂材料等脆性材料，常常需要进行压缩实验。

二、实验目的

（1）测定金属材料压缩时的强度性能指标：低碳钢-屈服应力 σ_s；灰铸铁-抗压强度 σ_{bc}。

（2）绘制低碳钢和灰铸铁的压缩图，比较低碳钢与灰铸铁在压缩时的变形特点和破坏形式。

三、实验设备及仪器

万能材料试验机，游标卡尺。

四、实验原理与内容

低碳钢和铸铁等金属材料的压缩试样一般制成圆柱形，高 h_0 与直径 d_0 之比在 1~3 的范围内。目前常用的压缩试验方法是两端平压法。这种压缩试验方法，试样的上下两端与试验机承垫之间会产生很大的摩擦力，它们阻碍着试样上部及下部的横向变形，导致测得的抗压强度较实际偏高。当试样的高度相对增加时，摩擦力对试样中部的影响就变得小了，因此抗压强度与比值 h_0/d_0 有关。由此可见，压缩实验是与实验条件有关的。为了在相同的实验条件下，对不同材料的抗压性能进行比较，应对 h_0/d_0 的值提出规定。实践表明，此值取在 1~3 的范围内为宜。若小于1，则摩擦力的影响太大；若大于3，虽然摩擦力的影响减小，但稳定性的影响却突出起来。

为了保证正确地使试样中心受压，试样两端面必须平行及光滑，并且与试样轴线垂直。

低碳钢试样压缩时同样存在弹性极限、比例极限、屈服极限，而且数值和拉伸所得的相应数值差不多，但是在屈服时却不像拉伸那样明显。

从进入屈服开始，试样塑性变形就有较大的增长，试样截面面积随之增大。由于截面面积的增大，要维持屈服时的应力，载荷也就要相应增大。因此，在整个屈服阶段，载荷也是上升的，在测力盘上看不到指针倒退现象，这样，判定压缩时的 P_s 要特别小心地注意观察。

在缓慢均匀加载下，测力指针是等速转动的，当材料发生屈服时，测力指针的转动将出现减慢，这时所对应的载荷即为屈服载荷 P_s。由于指针转动速度的减慢并不十分明显，故还要结合自动绘图装置上绘出的压缩曲线中的拐点来判断和确定 P_s。

低碳钢的压缩图（$P\text{-}\Delta l$ 曲线）如图 3-6 所示，超过屈服之后，低碳钢试样由原来的圆柱形逐渐被压成鼓形，如图 3-7 所示。继续不断加压，试样将愈压愈扁，但总不破坏。所以，低碳钢不具有抗压强度极限（也可将它的抗压强度极限理解为无限大），低碳钢的压缩曲线也可证实这一点。

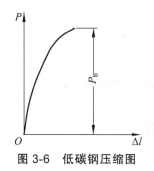
图 3-6　低碳钢压缩图

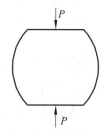
图 3-7　压缩时低碳钢变形示意图

灰铸铁在拉伸时是属于塑性很差的一种脆性材料，但在受压时，试件在达到最大载荷 P_b 前将会产生较大的塑性变形，最后被压成鼓形而断裂。铸铁的压缩图（$P\text{-}\Delta l$ 曲线）如图 3-8 所示，灰铸铁试样的断裂有两个特点：一是断口为斜断口，如图 3-9 所示。二是按 P_b/A_0 求得的 σ_b 远比拉伸时高，是拉伸时的 3~4 倍。为什么像灰铸铁这样的脆性材料的抗拉抗压能力相差这么大呢？这主要与材料本身情况（内因）和受力状态（外因）有关。铸铁压缩时沿斜截面断裂，其主要原因是由剪应力引起的。假使测量铸铁受压试样斜断口倾角 α，则可发现它略大于 45° 而不是最大剪应力所在截面，这是因为试样两端存在摩擦力造成的。

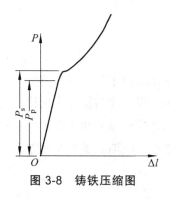
图 3-8　铸铁压缩图

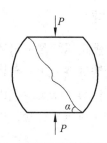
图 3-9　压缩时铸铁破坏断口

五、实验方法与步骤

1. 低碳钢试样的压缩实验

（1）测定试样的截面尺寸——用游标卡尺在试样高度中央取一处予以测量，沿两个互相垂直的方向各测一次取其算术平均值作为 d_0 来计算截面面积 A_0。用游标卡尺测量试样的高度。

（2）试验机的调整——估算屈服载荷的大小，选择测力度盘，调整指针对准零点，并调整好自动绘图仪。

（3）安装试样——将试样准确地放在试验机活动平台承垫的中心位置上。

（4）检查及试车——试车时先提升试验活动平台，使试样随之上升。当上承垫接近试样时，应大大减慢活动台上升的速度。注意：必须切实避免急剧加载。待试样与上承垫接触受力后，用慢速预先加少量载荷，然后卸载接近零点，检查试验机包括自动绘图部分）工作是否正常。

（5）进行实验——缓慢均匀地加载，注意观察测力指针的转动情况和绘图纸上曲线，以便及时而正确地确定屈服载荷，并记录之。

屈服阶段结束后继续加载，将试样压成鼓形即可停止。

2. 铸铁试样的压缩实验

铸铁试样压缩实验的步骤与低碳钢压缩实验基本相同，但不测屈服载荷而测最大载荷。此外，要在试样周围加防护罩，以免在实验过程中试样飞出伤人。

六、注意事项

（1）课前预习实验教材，并充分注意实验现场指导教师对万能试验机的使用方法及操作步骤所作的进一步介绍。

（2）进行压缩实验时，要采取保护措施，防止试样破坏部分飞出造成事故。

（3）实验时，操作者不得擅自离开，实验时若听到异常声音或发生任何故障，应立即停机，并及时告知教师。

七、思考题

（1）为何低碳钢压缩测不出破坏载荷，而铸铁压缩测不出屈服载荷？

（2）根据铸铁试件的压缩破坏形式分析其破坏原因，并与拉伸作比较？

（3）通过拉伸与压缩实验，比较低碳钢的屈服极限在拉伸和压缩时的差别？

（4）通过拉伸与压缩实验，比较铸铁的强度极限在拉伸和压缩时的差别？

实验十二 金属材料压缩实验报告

1．实验目的

2．实验设备

3．试件形状简图

4．实验数据

试件几何尺寸及测定屈服和极限载荷的实验记录表

材料	试件几何尺寸				高度 h_0（mm）	面积 A_0（mm²）	屈服载荷 P_s（kN）	极限载荷 P_b（kN）
	直径 d_0（mm）							
低碳钢	1		2	平均				
铸铁	1		2	平均				

5．试件压缩时主要力学性能的计算结果

（1）计算低碳钢的屈服极限 σ_s

$$\sigma_s = \frac{P_s}{A_0}$$

（2）计算铸铁的强度极限 σ_b

$$\sigma_b = \frac{P_b}{A_0}$$

其中 $A_0 = \frac{1}{4}\pi d_0{}^2$，$d_0$ 为试件实验前最小直径。

（3）低碳钢屈服极限　$\sigma_s = \dfrac{P_s}{A_0} = $ _____ = _____ MPa。

（4）铸铁强度极限　$\sigma_b = \dfrac{P_b}{A_0} = $ _____ = _____ MPa。

6．思考题

实验十三　金属材料扭转实验

一、预备知识

在工程实际中，有很多零件（如机械传动中的轴类部件）或构件承受扭转变形。因此，测定材料在扭转条件下的力学性能，对指导零件设计和选材有重要的实际意义。

扭转实验与其他力学性能实验相比具有以下特点：由于试样处于纯剪切应力状态，从实验开始直到试样破坏为止，从宏观角度看其扭转变形在试样整个长度上始终是均匀进行的，可以使试样实现大的均匀塑性变形，并不产生拉伸过程中的"颈缩"现象（如低碳钢等材料）或压缩过程中的"鼓形"效应，从而使我们能更好地测定那些高塑性材料直至断裂前的形变能力和抗扭转应力，以及它们之间的关系。扭转实验可以明显地区别金属最终断裂方式是正应力引起的拉伸断裂还是切应力引起的剪切破坏，并可根据试样断口形状特征来判断产生破坏的原因。由于试样扭转时其横截面上的扭转切应力分布为表面层最大，且由表层至心部会逐步减小为零。所以，对于低塑性材料，扭转实验对反映其缺陷，特别是表面缺陷是很敏感的。由此可见，无论对塑性材料还是脆性材料，通过拉伸、压缩和扭转试验结果综合评定，都可客观、全面地反映有关材料各种力学性能指标，揭示其形变、抗力和断裂等力学行为的特点。因此，扭转实验是评定材料力学性能的重要且不可或缺的实验方法之一。

二、实验目的

（1）测定低碳钢的剪切屈服极限 τ_s 及剪切强度极限 τ_b。

（2）测定铸铁的剪切强度极限 τ_b。

（3）观察并比较低碳钢及铸铁试件扭转破坏的情况。

三、实验设备及仪器

（1）游标卡尺。

（2）扭力试验机。

（3）扭转试样。

按照国家标准《金属室温扭转试验方法》（GB/T 10128—2007），金属扭转试样的形状随着产品的品种、规格以及试验目的的不同而分为圆形截面试样和管形截面试样两种。其中最常用的是圆形截面试样，如图 3-10 所示。通常，圆形截面试样的直径 $d = 10$ mm，标距 $l = 5d$ 或 $l = 10d$，平行部分的长度为：$l = 20$ mm。若采用其他直径的试样，其平行部分的长度应为标距加上两倍直径。试样头部的形状和尺寸应适合扭转试验机的夹头夹持。

由于扭转实验时，试样表面的切应力最大，试样表面的缺陷将影响实验结果，所以，对扭转试样表面粗糙度的要求要比拉伸试样的高。对扭转试样的加工技术要求参见国家标准 GB/T 10128—2007。

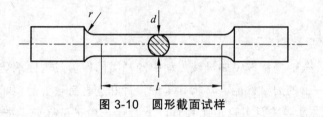

图 3-10　圆形截面试样

四、实验原理与内容

1. 低碳钢扭转

试样在外力偶矩的作用下，其上任意一点处于纯剪切应力状态。随着外力偶矩的增加，当达到某一值时，测矩盘上的指针会出现停顿，这时指针所指示的外力偶矩的数值即为屈服力偶矩 M_{es}，低碳钢的扭转屈服应力为

$$\tau_s = \frac{3}{4}\frac{M_{es}}{W_p} \tag{3-3}$$

式中，$W_p = \pi d^3/16$ 为试样在标距内的抗扭截面系数。

在测出屈服扭矩 T_s 后，改用电动快速加载，直到试样被扭断为止。这时测矩盘上的从动指针所指示的外力偶矩数值即为最大力偶矩 M_{eb}，低碳钢的抗扭强度为

$$\tau_b = \frac{3}{4}\frac{M_{eb}}{W_p} \tag{3-4}$$

对上述两公式的来源说明如下：

低碳钢试样在扭转变形过程中，利用扭转试验机上的自动绘图装置绘出的 M_e-φ 图如图 3-11 所示。当达到图中 A 点时，M_e 与 φ 成正比的关系开始破坏，这时，试样表面处的切应力达到了材料的扭转屈服应力 τ_s，如能测得此时相应的外力偶矩 M_{ep}，如图 3-12（a）所示，则扭转屈服应力为

$$\tau_s = \frac{M_{es}}{W_p}$$

经过 A 点后，横截面上出现了一个环状的塑性区，如图 3-12（b）所示。若材料的塑性很好，且当塑性区扩展到接近中心时，横截面周边上各点的切应力仍未超过扭转屈服应力，此时的切应力分布可简化成图 3-12（c）所示的情况，对应的扭矩 T_s 为

$$T_s = \int_0^{d/2} \tau_s \rho 2\pi\rho \mathrm{d}\rho = 2\pi\tau_s \int_0^{d/2} \rho^2 \mathrm{d}\rho = \frac{\pi d^3}{12}\tau_s = \frac{4}{3}W_p\tau_s$$

由于 $T_s = M_{es}$，因此，由上式可以得到

$$\tau_s = \frac{3}{4}\frac{M_{es}}{W_p}$$

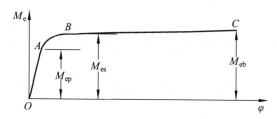

图 3-11　低碳钢的扭转图

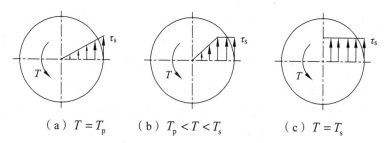

（a）$T = T_p$　　　（b）$T_p < T < T_s$　　　（c）$T = T_s$

图 3-12　低碳钢圆柱形试样扭转时横截面上的切应力分布

无论从测矩盘上指针前进的情况，还是从自动绘图装置所绘出的曲线来看，A 点的位置不易精确判定，而 B 点的位置则较为明显。因此，一般均根据由 B 点测定的 M_{es} 来求扭转切应力 τ_s。当然这种计算方法也有缺陷，只有当实际的应力分布与图 3-12（c）完全相符合时才是正确的，对塑性较小的材料差异是比较大的。由图 3-11 可以看出，当外力偶矩超过 M_{es} 后，扭转角 φ 增加很快，而外力偶矩 M_e 增加很小，BC 近似于一条直线。因此，可认为横截面上的切应力分布如图 3-12（c）所示，只是切应力值比 τ_s 大。根据测定的试样在断裂时的外力偶矩 M_{eb}，可求得抗扭强度为

$$\tau_b = \frac{3}{4}\frac{M_{eb}}{W_p}$$

2. 测定灰铸铁扭转时的强度性能指标

对于灰铸铁试样，只需测出其承受的最大外力偶矩 M_{eb}（方法同 1），抗扭强度为

$$\tau_b = \frac{M_{eb}}{W_p}$$

由上述扭转破坏的试样可以看出：低碳钢试样的断口与轴线垂直，表明破坏是由切

应力引起的；而灰铸铁试样的断口则沿螺旋线方向与轴线约成 45°，表明破坏是由拉应力引起的。

五、实验方法与步骤

（1）用游标卡尺测量试件直径，求出抗扭截面模量 W_p。在试件的中央和两端共三处，每处测一对正交方向，取平均值作该处直径，然后取三处直径最小者，作为试件直径 d，并据此计算 W_p。

（2）根据求出的 W_p、估计试件材料的 τ_b，求出大致需要的最大载荷，确定所需的机器量程。

（3）将试件两端装入试验机的夹头内，调整好绘图装置，将指针对准零点，并将测角度盘调整到零。

（4）用粉笔在试件表面上画一纵向线，以便观察试件的扭转变形情况。

（5）对于低碳钢试件，可以先用手动（或慢速电动）缓慢而均匀地加载，当测力指针前进速度渐渐减慢以至停留不动或摆动，这时，它表明的值就是 M_s（注意：指针停止不动时间很短，因此要留心观察）。然后卸掉手摇柄，用电动加载（或换成快速电动加载）直至试件破坏并立即停车。记下被动指针所指的最大扭矩，注意观察测角度盘的读数。

（6）铸铁试件的试验步骤与低碳钢相同，可直接用电动加载，记录试件破坏时的最大扭矩值。

（7）实验结束，立即停机，取下试件，将机器复原并清理现场。

六、注意事项

（1）开机前要把调速电位器逆时针旋到零点，以防开机时产生冲击力矩而损坏试验机零部件。

（2）施加扭矩后，禁止再转动"量程选择手轮"和改变"变速开关"。

（3）面板上的正、反加载按钮不能同时按下。若要改变施加扭矩方向和变换变速开关，必须先按"停"按钮后，再改变扭矩方向和变速开关。

（4）试验机运转时，操作人员不能离开。发现异常声音或其他任何故障，应立即停机并报告指导教师处理。

七、思考题

（1）低碳钢与铸铁扭转时的破坏情况有什么不同?根据不同现象分析原因。

（2）根据低碳钢和铸铁拉伸、压缩、扭转试验的强度指标和断口形状，分析总结两种材料的抗拉、抗压、抗剪能力。

八、实验报告式样

实验十三　金属材料扭转实验报告

1. 实验目的

2. 实验设备

3. 试件形状简图

4. 实验数据

试件几何尺寸

低　碳　钢				铸　　铁			
平均直径 d_0（mm）	截面 I	1		平均直径 d_0（mm）	截面 I	1	
		2				2	
	截面 II	1			截面 II	1	
		2				2	
	截面 III	1			截面 III	1	
		2				2	
最小平均直径 d_0（mm）				最小平均直径 d_0（mm）			
横截面面积 A_0（mm^2）				横截面面积 A_0（mm^2）			
抗扭截面系数 W_{t1}（mm^3）				抗扭截面系数 W_{t2}（mm^3）			

测定屈服和极限扭矩的实验记录表

材　料	屈服扭矩 T_s（N·m）	极限扭矩 T_b（N·m）
低碳钢		
铸　铁		

5．试件扭转时主要力学性能的计算结果

（1）低碳钢剪切屈服极限 $\tau_s = \dfrac{3}{4}\dfrac{T_s}{W_{t1}} =$ ＿＿＿＿＿＿＿＿＿ = ＿＿＿＿＿MPa。

（2）低碳钢剪切强度极限 $\tau_b = \dfrac{3}{4}\dfrac{T_b}{W_{t1}} =$ ＿＿＿＿＿＿＿＿＿ = ＿＿＿＿＿MPa。

（3）铸铁剪切强度极限 $\tau_b = \dfrac{T_b}{W_{t2}} =$ ＿＿＿＿＿＿＿＿＿ = ＿＿＿＿＿MPa。

6．思考题

实验十四 纯弯曲梁横截面上正应力的分布规律实验

一、预备知识

（一）电测法的基本原理

电测法的基本原理是用电阻应变片测定构件表面的线应变，再根据应变-应力关系确定构件表面应力状态的一种实验应力分析方法。这种方法是将电阻应变片粘贴在被测构件表面，当构件变形时，电阻应变片的电阻值将发生相应的变化，然后通过电阻应变仪将此电阻变化转换成电压（或电流）的变化，再换算成应变值或者输出与此应变成正比的电压（或电流）的信号，由记录仪进行记录，就可得到所测定的应变或应力。其原理框图如图 3-13 所示。

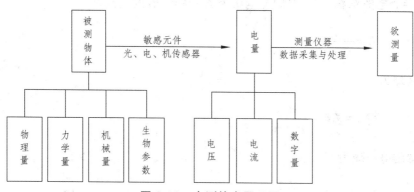

图 3-13 电测技术原理图

电测法的优点：

（1）测量灵敏度和精度高。其最小应变为 1 $\mu\varepsilon$（$\mu\varepsilon$—微应变，1 $\mu\varepsilon = 10^{-6}\varepsilon$）。在常温静态测量时，误差一般为 1% ~ 3%；动态测量时，误差在 3% ~ 5% 范围内。

（2）测量范围广。可测（$\pm 1 \times 10^4$ ~ $\pm 2 \times 10^4$）$\mu\varepsilon$；力或重力的测量范围 10^{-2} ~ 10^5 N 等。

（3）频率响应好。可以测量从静态到 10^5 Hz 动态应变。

（4）轻便灵活。在现场或野外等恶劣环境下均可进行测试。

（5）能在高、低温或高压环境等特殊条件下进行测量。

（6）便于与计算机连接进行数据采集与处理，易于实现数字化、自动化及无线电遥测。

（二）电测法测量电路及其工作原理

1. 电桥基本特性

通过电阻应变片可以将试件的应变转换成应变片的电阻变化，通常这种电阻变化很小。测量电路的作用就是将电阻应变片感受到的电阻变化率 $\Delta R/R$ 变换成电压（或电流）信号，再经过放大器将信号放大、输出。

测量电路有多种，惠斯登电路是最常用的电路，如图 3-14 所示。设电桥各桥臂电阻分别为 R_1、R_2、R_3、R_4，其中任一桥臂都可以是电阻应变片。电桥的 A、C 为输入端接电源 E，B、D 为输出端，输出电压为 U_{BD}。

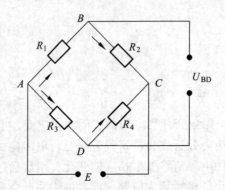

图 3-14　惠斯登电路

从 ABC 半个电桥来看，A、C 间的电压为 E，流经 R_1 的电流为

$$I_1 = \frac{E}{R_1 + R_2}$$

R_1 两端的电压降为

$$U_{AB} = I_1 R_1 = \frac{R_1 E}{R_1 + R_2}$$

同理，R_3 两端的电压降为

$$U_{AB} = I_3 R_3 = \frac{R_3 E}{R_3 + R_4}$$

因此可得到电桥输出电压为

$$U_{BD} = U_{AB} - U_{AD} = \frac{R_1 E}{R_1 + R_2} - \frac{R_3 E}{R_3 + R_4} = \frac{(R_1 R_4 - R_2 R_3)E}{(R_1 + R_2)(R_3 + R_4)}$$

由上式可知，当 $R_1 R_4 = R_2 R_3$ 时，输出电压 U_{BD} 为零，称为电桥平衡。

设电桥的四个桥臂与粘在构件上的四枚电阻应变片连接，当构件变形时，其电阻值的变化分别为 $R_1+\Delta R_1$、$R_2+\Delta R_2$、$R_3+\Delta R_3$、$R_4+\Delta R_4$，此时电桥的输出电压为

$$U_{BD} = E \frac{(R_1 + \Delta R_1)(R_4 + \Delta R_4) - (R_2 + \Delta R_2)(R_3 + \Delta R_3)}{(R_1 + \Delta R_1 + R_2 + \Delta R_2)(R_3 + \Delta R_3 + R_4 + \Delta R_4)}$$

经整理、简化并略去高阶小量，可得

$$U_{BD} = E \frac{R_1 R_2}{(R_1 + R_2)^2} \left(\frac{\Delta R_1}{R_1} - \frac{\Delta R_2}{R_2} - \frac{\Delta R_3}{R_3} + \frac{\Delta R_4}{R_4} \right)$$

当四个桥臂电阻值均相等时，即 $R_1 = R_2 = R_3 = R_4 = R$，且它们的灵敏系数均相同，则将关系式 $\dfrac{\Delta R}{R} = K\varepsilon$ 代入上式，则有电桥输出电压为

$$U_{BD} = \frac{E}{4}\left(\frac{\Delta R_1}{R_1} - \frac{\Delta R_2}{R_2} - \frac{\Delta R_3}{R_3} + \frac{\Delta R_4}{R_4} \right) = \frac{EK}{4}(\varepsilon_1 - \varepsilon_2 - \varepsilon_3 + \varepsilon_4)$$

由于电阻应变片是测量应变的专用仪器，电阻应变仪的输出电压 U_{BD} 是用应变值 ε_d 直接显示的。电阻应变仪有一个灵敏系数 K_0，在测量应变时，只需将电阻应变仪的灵敏系数调节到与应变片的灵敏系数相等，则 $\varepsilon_d = \varepsilon$，即应变仪的读数应变 ε_d 值不需进行修正，否则，需按式（3-5）进行修正

$$K_0\varepsilon_d = K\varepsilon \qquad\qquad (3\text{-}5)$$

则其输出电压为

$$U_{BD} = \frac{EK}{4}(\varepsilon_1 - \varepsilon_2 - \varepsilon_3 + \varepsilon_4) = \frac{EK}{4}\varepsilon_d$$

由此可得电阻应变仪的读数应变为

$$\varepsilon_d = \frac{4U_{BD}}{EK} = \varepsilon_1 - \varepsilon_2 - \varepsilon_3 + \varepsilon_4 \qquad\qquad (3\text{-}6)$$

式中，ε_1、ε_2、ε_3、ε_4 分别为 R_1、R_2、R_3、R_4 感受的应变值。上式表明电桥的输出电压与各桥臂应变的代数和成正比。应变 ε 的符号由变形方向决定，一般规定拉应变为正，压应变为负。由上式可知，电桥具有以下基本特性：两相邻桥臂电阻所感受的应变 ε 代数值相减；而两相对桥臂电阻所感受的应变 ε 代数值相加。这种作用也称为电桥的加减性。利用电桥的这一特性，正确地布片和组桥，可以提高测量的灵敏度、减少误差、测取某一应变分量和补偿温度影响。

2. 温度补偿

电阻应变片对温度变化十分敏感。当环境温度变化时，因应变片的线膨胀系数与被测构件的线膨胀系数不同，且敏感栅的电阻值随温度的变化而变化，所以测得应变将包含温度变化的影响，不能反映构件的实际应变，因此在测量中必须设法消除温度变化的影响。

消除温度影响的措施是温度补偿。在常温应变测量中温度补偿的方法是采用桥路补偿法。它是利用电桥特性进行温度补偿的。

1）温度补偿片补偿法

把粘贴在构件被测点处的应变片称为工作片，接入电桥的 AB 桥臂；另外以相同规格的应变片粘贴在与被测构件相同材料但不参与变形的一块材料上，并与被测构件处于相同温度条件下，称为温度补偿片，将它接入电桥与工作片组成测量电桥的半桥，电桥的另外两桥臂为应变仪内部固定无感标准电阻，组成等臂电桥。由电桥特性可知，只要将补偿片正确的接在桥路中即可消除温度变化所产生的影响。

2）工作片补偿法

这种方法不需要补偿片和补偿块，而是在同一被测构件上粘贴几个工作应变片，根据电桥的基本特性及构件的受力情况，将工作片正确地接入电桥中，即可消除温度变化所引起的应变，得到所需测量的应变。

3. 应变片在电桥中的接线方法

应变片在测量电桥中，利用电桥的基本特性，可用各种不同的接线方法以达到温度补偿，从复杂的变形中测出所需要的应变分量，提高测量灵敏度和减少误差。

1）半桥接线方法

① 半桥单臂测量[图 3-15（a）]：又称 1/4 桥，电桥中只有一个桥臂接工作应变片（常用 AB 桥臂），而另一桥臂接温度补偿片（常用 BC 桥臂），CD 和 DA 桥臂接应变仪内标准电阻。考虑温度引起的电阻变化，按公式（3-6）可得到应变仪的读数应变为

$$\varepsilon_d = \varepsilon_1 + \varepsilon_{1t} - \varepsilon_{2t}$$

由于 R_1 和 R_2 温度条件完全相同，因此 $\left(\dfrac{\Delta R_1}{R_1}\right)_t = \left(\dfrac{\Delta R_2}{R_2}\right)_t$，所以电桥的输出电压只与工作片引起的电阻变化有关，与温度变化无关，即应变仪的读数为

$$\varepsilon_d = \varepsilon_1$$

② 半桥双臂测量[图 3-15（b）]：电桥的两个桥臂 AB 和 BC 上均接工作应变片，CD 和 DA 两个桥臂接应变仪内标准电阻。因为两工作应变片处在相同温度条件下，$\left(\dfrac{\Delta R_1}{R_1}\right)_t = \left(\dfrac{\Delta R_2}{R_2}\right)_t$，所以应变仪的读数为

$$\varepsilon_d = (\varepsilon_1 + \varepsilon_{1t}) - (\varepsilon_2 + \varepsilon_{2t}) = \varepsilon_1 - \varepsilon_2$$

由桥路的基本特性，自动消除了温度的影响，无需另接温度补偿片。

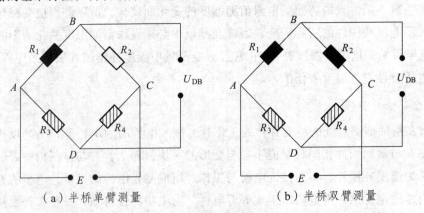

（a）半桥单臂测量　　　　　　　　（b）半桥双臂测量

图 3-15　半桥电路接线法

2）全桥接线法

① 对臂测量图 3-16（a）：电桥中相对的两个桥臂接工作片（常用 AB 和 CD 桥臂），另两个桥臂接温度补偿片。此时，四个桥臂的电阻处于相同的温度条件下，相互抵消了温度的影响。应变仪的读数为

$$\varepsilon_d = (\varepsilon_1 + \varepsilon_{1t}) - \varepsilon_{2t} - \varepsilon_{3t} + (\varepsilon_4 + \varepsilon_{4t}) = \varepsilon_1 + \varepsilon_4$$

② 全桥测量图[3-16（b）]：电桥中的四个桥臂上全部接工作应变片，由于它们处于相同的温度条件下，相互抵消了温度的影响。应变仪的读数为

$$\varepsilon_d = \varepsilon_1 - \varepsilon_2 - \varepsilon_3 + \varepsilon_4$$

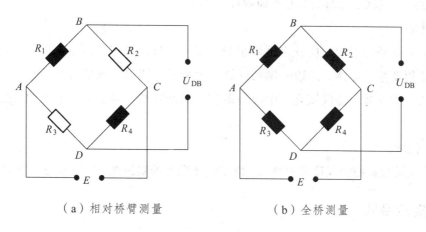

（a）相对桥臂测量　　　　　　　（b）全桥测量

图 3-16　全桥电路接线法

3）桥臂系数

同一个被测量值，其组桥方式不同，应变仪的读数 ε_d 也不相同。定义测量出的应变仪的读数 ε_d 与待测应变 ε 之比为桥臂系数，因此桥臂系数 B 为

$$B = \frac{\varepsilon_d}{\varepsilon}$$

（三）纯弯曲

梁上各横截面上的剪力为零而只有弯矩存在的弯曲变形，称为纯弯曲。

（四）观察变形

以矩形截面梁为例：

（1）变形前的直线 $\overline{aa}$、$\overline{bb}$ 变形后成为曲线 $\overline{a'a'}$、$\overline{b'b'}$，变形前的 $\overline{mm}$，$\overline{nn}$ 变形后仍为直线 $\overline{m'm'}$、$\overline{m'n'}$，然而却相对转过了一个角度，且仍与 $\overline{a'a'}$、$\overline{b'b'}$ 曲线相垂直。

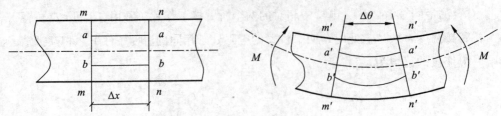

图 3-17 弯曲变形

（2）平面假设。

根据实验结果，可以假设变形前原为平面的梁的横截面变形后仍为平面，且仍垂直于变形后的梁轴线，这就是弯曲变形的平面假设。

（3）设想。

设想梁是由平行于轴线的众多纤维组成。在纯弯曲过程中各纤维之间互不挤压，只发生伸长和缩短变形。显然，凸边一侧的纤维发生伸长，凹边一侧的纤维缩短。由平面假设纤维由伸长变为缩短，连续变化，中间一定有一层纤维既不伸长，也不缩短，这一层纤维为中性层。

（4）中性轴。

中性层与横截面的交线称为中性轴，由于整体变形的对称性，中性轴与纵向对称面垂直。

二、实验目的

（1）测定梁在纯弯曲时横截面上正应力大小和分布规律。
（2）验证纯弯曲梁的正应力计算公式。

三、实验设备及仪器

1. 组合实验台

1）外形结构

实验台为框架式结构，分前后两片架，其外形结构如图 3-18 所示。前片架可做弯扭组合受力分析、材料弹性模量、泊松比测定、偏心拉伸实验、压杆稳定实验、悬臂梁实验、等强度梁实验；后片架可做纯弯曲梁正应力实验、电阻应变片灵敏系数标定、组合叠梁实验等。

2）加载原理

加载机构为内置式，采用蜗轮蜗杆及螺旋传动的原理，在不产生对轮齿破坏的情况下，对试件进行施力加载，该设计采用了两种省力机械机构组合在一起，将手轮的转动变成了螺旋千斤加载的直线运动，具有操作省力、加载稳定等特点。

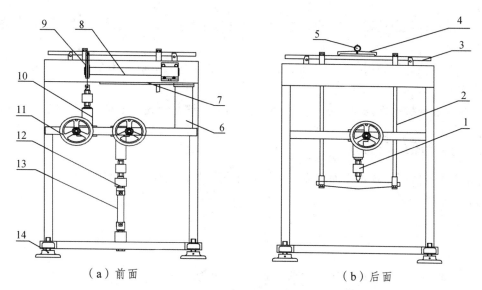

（a）前面　　　　　　　　　　　　　　（b）后面

图 3-18　组合式材料力学多功能实验台外形结构图

1—传感器；2—弯曲梁附件；3—弯曲梁；4—三点挠度仪；5—千分表（用户需另配）；
6—悬臂梁附件；7—悬臂梁；8—扭转筒；9—扭转附件；10—加载机构；
11—手轮；12—拉伸附件；13—拉伸试件；14—可调节底盘

3）工作机理

实验台采用蜗杆和螺旋复合加载机构，通过传感器及过渡加载附件对试件进行施力加载，加载力大小经拉压力传感器由应力 & 应变综合参数测试仪的测力部分测出所施加的力值；各试件的受力变形，通过应力 & 应变综合参数测试仪的测试应变部分显示出来，该测试设备备有微机接口，所有数据可由计算机分析处理打印。

4）操作步骤

① 将所作实验的试件通过有关附件连接到架体相应位置，连接拉压力传感器和加载件到加载机构上去。

② 连接传感器电缆线到仪器传感器输入插座，连接应变片导线到仪器的各个通道接口上去。

③ 打开仪器电源，预热约 20 min，输入传感器量程及灵敏度和应变片灵敏系数（一般首次使用时已调好，如实验项目及传感器没有改变，可不必重新设置），在不加载的情况下将测力量和应变量调至零。

④ 在初始值以上对各试件进行分级加载，转动手轮速度要均匀，记下各级力值和试件产生的应变值进行计算、分析和验证，如已与微机连接，则全部数据可由计算机进行简单的分析并打印。

5）注意事项

① 每次实验先将试件摆放好，仪器接通电源，打开仪器预热约 20 min 左右，讲完课再做实验。

② 各项实验不得超过规定的终载的最大拉压力。

③ 加载机构作用行程为 50 mm，手轮转动快到行程末端时应缓慢均匀转动，以免撞坏有关定位件。

④ 所有实验进行完后，应释放加力机构，最好拆下试件，以免闲杂人员乱动损坏传感器和有关试件。

⑤ 蜗杆加载机构定期（如每半年一次）加润滑机油，避免干磨损，缩短使用寿命。

四、实验原理及方法

在纯弯曲条件下，根据平面假设和纵向纤维间无挤压的假设，可得到梁横截面上任一点的正应力，计算公式为

$$\sigma = \frac{M \cdot y}{I_z} \tag{3-7}$$

式中，M 为弯矩；I_z 为横截面对中性轴的惯性矩；y 为所求应力点至中性轴的距离。

为了测量梁在纯弯曲时横截面上正应力的分布规律，在梁的纯弯曲段沿梁侧面不同高度，平行于轴线贴有应变片（见图 3-19）。

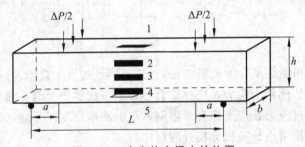

图 3-19　应变片在梁中的位置

实验可采用半桥单臂、公共补偿、多点测量方法。加载采用增量法，即每增加等量的载荷 ΔP，测出各点的应变增量 $\Delta \varepsilon$，然后分别取各点应变增量的平均值 $\Delta \varepsilon_{实i}$，依次求出各点的应变增量

$$\sigma_{实i} = E \cdot \Delta \varepsilon_{实i}$$

将实测应力值与理论应力值进行比较，以验证弯曲正应力公式。

五、实验步骤

（1）设计好本实验所需的各类数据表格。

（2）测量矩形截面梁的宽度 b 和高度 h、载荷作用点到梁支点距离 a 及各应变片到中性层的距离 y_i 见表 3-1。

（3）拟定加载方案。先选取适当的初载荷 P_0（一般取 $P_0 = 10\% P_{max}$ 左右），估算 P_{max}（该实验载荷范围 $P_{max} \leq 4\,000\,N$），分 4 ~ 6 级加载。

（4）根据加载方案，调整好实验加载装置。

（5）按实验要求接好线，调整好仪器，检查整个测试系统是否处于正常工作状态。

（6）加载。均匀缓慢加载至初载荷 P_0，记下各点应变的初始读数；然后分级等增量加载，每增加一级载荷，依次记录各点电阻应变片的应变值 ε_i，直到最终载荷。实验至少重复两次，见实验报告中表。

（7）做完实验后，卸掉载荷，关闭电源，整理好所用仪器设备，清理实验现场，将所用器设备复原，实验资料交指导教师检查签字。

表 3-1 试件相关数据

应变片至中性层距离（mm）		梁的尺寸和有关参数
Y_1	− 20	宽度 $b = 20$ mm
Y_2	− 10	高度 $h = 40$ mm
Y_3	0	跨度 $L = 600$ mm
Y_4	10	载荷距离 $a = 125$ mm
Y_5	20	弹性模量 $E = 206$ GPa
		泊松比 $\mu = 0.26$
		惯性矩 $I_z = bh^3/12 = 1.067 \times 10^{-7}\,\mathrm{m}^4$

六、注意事项

（1）加载时要缓慢均匀，防止冲击，最大载荷不得超过 3 000 N。
（2）读取应变值时，应注意保持载荷稳定。
（3）各引线的接线柱必须拧紧，测量过程中不要触动引线，以免引起测量误差。

七、思考题

（1）影响实验结果准确性的主要因素是什么？
（2）弯曲正应力的大小是否受弹性模量 E 的影响？

八、实验报告式样

实验十四　纯弯曲梁横截面上正应力的分布规律实验报告

1．实验目的

2．实验设备

3．实验数据

载荷（N）			500	1 000	1 500	2 000	2 500	3 000
	P		500	1 000	1 500	2 000	2 500	3 000
	ΔP		500	500	500	500	500	
各测点电阻应变仪读数 $\mu\varepsilon$	1	ε_P						
		$\Delta\varepsilon_P$						
		平均值						
	2	ε_P						
		$\Delta\varepsilon_P$						
		平均值						
	3	ε_P						
		$\Delta\varepsilon_P$						
		平均值						
	4	ε_P						
		$\Delta\varepsilon_P$						
		平均值						
	5	ε_P						
		$\Delta\varepsilon_P$						
		平均值						

4．数据处理及误差分析

1）实验值计算

根据测得的各点应变值 ε_i 求出应变增量平均值 $\overline{\Delta\varepsilon_i}$，代入胡克定律计算各点的实验应力值，因 $1\mu\varepsilon = 10^{-6}\varepsilon$，所以各点实验应力计算

$$\sigma_{1实} = E\varepsilon_{1实} = E \times \overline{\Delta\varepsilon_i} \times 10^{-6}$$

2）理论值计算

载荷增量　　$\Delta P = 500$ N

弯矩增量　　$\Delta M = \Delta P \cdot a/2 = 31.25$ N · m

各点理论值计算

$$\sigma_{i理} = \frac{\Delta M \cdot y_i}{I_z}$$

3）绘出实验应力值和理论应力值的分布图

分别以横坐标轴表示各测点的应力 $\sigma_{i实}$ 和 $\sigma_{i理}$，以纵坐标轴表示各测点距梁中性层位置 y_i，选用合适的比例绘出应力分布图。

4）实验值与理论值的比较

测　　点	理论值 $\sigma_{i理}$（MPa）	实际值 $\sigma_{i实}$（MPa）	相对误差
1			
2			
3			
4			
5			

5．思考题

实验十五　弯扭组合变形下主应力测定实验

一、预备知识

1. 主应力及应力状态分类

主平面——剪应力为零的平面称为主平面；

主应力——主平面上的正应力称为主应力。用 σ_1、σ_2、σ_3 表示，且 $\sigma_1 \geqslant \sigma_2 \geqslant \sigma_3$。

应力状态的分类：

（1）单向应力状态：只有一个主应力不等于零，其余两个主应力都等于零的应力状态；

（2）平面应力状态（也称二向应力状态）：两个主应力不等于零，另一个主应力等于零的应力状态；

（3）三向应力状态：三个主应力都不等于零的应力状态。

2. 斜截面上的应力

$$
\begin{cases}
\sigma_\alpha = \dfrac{\sigma_x + \sigma_y}{2} + \dfrac{\sigma_x - \sigma_y}{2}\cos 2\alpha - \tau_x \sin 2\alpha \\[2mm]
\tau_\alpha = \dfrac{\sigma_x - \sigma_y}{2}\sin 2\alpha + \tau_x \cos 2\alpha
\end{cases}
\tag{3-8}
$$

3. 主应力与主平面

根据主应力的定义，主应力 $= \sigma_\alpha\big|_{\tau_\alpha = 0}$，由此可推出主应力计算公式及主应力方向；又根据 $\dfrac{\mathrm{d}\sigma_\alpha}{\mathrm{d}\alpha} = 0 \Rightarrow \tau_\alpha = 0$，因此，主应力即是过一点处各方向正应力中的极值。

$$
\sigma_{\substack{\max \\ \min}} = \frac{\sigma_x + \sigma_y}{2} \pm \sqrt{\left(\frac{\sigma_x - \sigma_y}{2}\right)^2 + \tau_x^2}
$$

$$
\tan 2\alpha_0 = -\frac{2\tau_x}{\sigma_x - \sigma_y}
$$

二、实验目的

（1）用电测法测定平面应力状态下主应力的大小及方向，并与理论值进行比较。

（2）测定薄壁圆筒在弯扭组合变形作用下的弯矩和扭矩。

（3）进一步掌握电测法。

三、实验设备及仪器

（1）弯扭组合实验装置；

（2）力 & 应变综合参数测试仪；

（3）游标卡尺、钢板尺。

四、实验原理及方法

1. 测定主应力大小和方向

薄壁圆筒受弯扭组合作用，使圆筒发生组合变形，圆筒的 m 点处于平面应力状态（见图 3-20）。在 m 点单元体上作用有由弯矩引起的正应力 σ_x，由扭矩引起的剪应力 τ_n，主应力是一对拉应力 σ_1 和一对压应力 σ_3，单元体上的正应力 σ_x 和剪应力 τ_n 可按下式计算

$$\sigma_x = \frac{M}{W_z}, \quad \tau_n = \frac{M_n}{W_T} \tag{3-9}$$

式中　M——弯矩，$M = P \cdot L$；

　　　M_n——扭矩，$M_n = P \cdot a$；

　　　W_z——抗弯截面模量，对空心圆筒：$W_z = \frac{\pi D^3}{32}\left[1 - \left(\frac{d}{D}\right)^4\right]$；

　　　W_T——抗扭截面模量，对空心圆筒：$W_T = \frac{\pi D^3}{16}\left[1 - \left(\frac{d}{D}\right)^4\right]$；

由二向应力状态分析可得到主应力及其方向：

$$\left.\begin{array}{l}\sigma_1 \\ \sigma_3\end{array}\right\} = \frac{\sigma_x}{2} \pm \sqrt{\left(\frac{\sigma_x}{2}\right)^2 + \tau_n^2}, \quad \tan 2\alpha_0 = \frac{-2\tau_n}{\sigma_x}$$

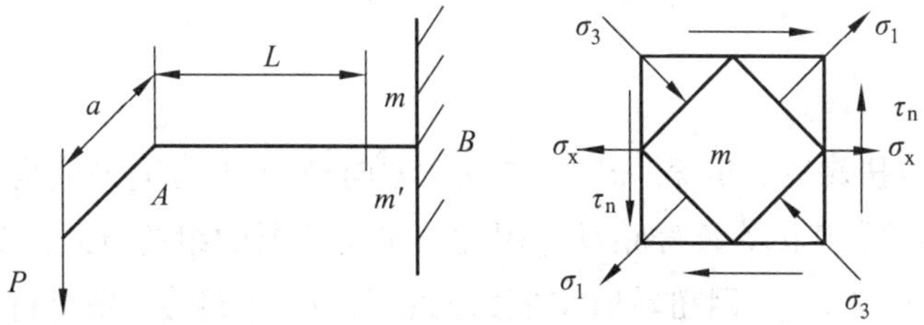

图 3-20　圆筒 m 点应力状态

本实验装置采用的是 45° 直角应变花，在 m、m' 点各贴一组应变花（如图 3-21 所示），应变花上三个应变片的 α 角分别为 -45°、0°、45°，该点主应变和主方向为

$$\left.\begin{array}{l}\varepsilon_1 \\ \varepsilon_3\end{array}\right\} = \frac{(\varepsilon_{45°} + \varepsilon_{-45°})}{2} \pm \frac{\sqrt{2}}{2}\sqrt{(\varepsilon_{45°} - \varepsilon_{0°})^2 + (\varepsilon_{-45°} - \varepsilon_{0°})^2}$$

$$\tan 2\alpha_0 = \frac{(\varepsilon_{45°} - \varepsilon_{-45°})}{(2\varepsilon_{0°} - \varepsilon_{45°} - \varepsilon_{-45°})}$$

主应力和主方向为

$$\frac{\sigma_1}{\sigma_3} = \frac{E(\varepsilon_{45°} + \varepsilon_{-45°})}{2(1-\mu)} \pm \frac{\sqrt{2}E}{2(1+\mu)}\sqrt{(\varepsilon_{45°} - \varepsilon_{0°})^2 + (\varepsilon_{-45°} - \varepsilon_{0°})^2}$$

$$\tan 2\alpha_0 = \frac{(\varepsilon_{45°} - \varepsilon_{-45°})}{(2\varepsilon_{0°} - \varepsilon_{45°} - \varepsilon_{-45°})}$$

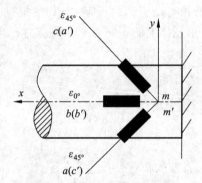

图 3-21　测点应变花布置图

2. 测定弯矩

薄壁圆筒虽为弯扭组合变形,但 m 和 m' 两点沿 x 方向只有因弯曲引起的拉伸和压缩应变,且两应变等值异号。因此将 m 和 m' 两点应变片 b 和 b',采用不同组桥方式测量,即可得到 m、m' 两点由弯矩引起的轴向应变 ε_M,则截面 m-m' 的弯矩实验值为

$$M = E_{\varepsilon_M}W_z = \frac{E\pi(D^4 - d^4)}{32D}\varepsilon_M \tag{3-10}$$

3. 测定扭矩

当薄壁圆筒受纯扭转时,m 和 m' 两点 45°方向和 -45°方向的应变片都是沿主应力方向,且主应力 σ_1 和 σ_3 数值相等符号相反。因此,采用不同的组桥方式测量,可得到 m 和 m' 两点由扭矩引起的主应变 ε_n。因扭转时主应力 σ_1 和剪应力 τ 相等。则可得到截面 m—m' 扭矩实验值为

$$M_n = \frac{E\varepsilon_n}{(1+\mu)} \cdot \frac{\pi(D^4 - d^4)}{16D}$$

五、实验步骤

（1）设计好本实验所需的各类数据表格。

（2）测量试件尺寸、加力臂长度和测点距力臂的距离，确定试件有关参数，见表 3-10。

表 3-2　试件尺寸相关数据

圆筒的尺寸和有关参数	
计算长度 $L = 240$ mm	弹性模量 $E = 206$ GPa
外径 $D = 40$ mm	泊松比 $\mu = 0.26$
内径 $d = 31.8$ mm	
扇臂长度 $a = 248$ mm	

（3）将薄壁圆筒上的应变片按不同测试要求接到仪器上，组成不同的测量电桥。调整好仪器，检查整个测试系统是否处于正常工作状态。

① 主应力大小、方向测定：将 m 和 m' 两点的所有应变片按半桥单臂、公共温度补偿法组成测量线路进行测量。

② 测定弯矩：将 m 和 m' 两点的 b 和 b' 两只应变片按半桥双臂组成测量线路进行测量（ $\varepsilon = \dfrac{\varepsilon_d}{2}$ ）。

③ 测定扭矩：将 m 和 m' 两点的 a、c 和 a'、c' 四只应变片按全桥方式组成测量线路进行测量（ $\varepsilon = \dfrac{\varepsilon_d}{4}$ ）。

（4）拟定加载方案。先选取适当的初载荷 P_0（一般取 $P_0 = 10\%P_{max}$ 左右），估算 P_m（该实验载荷范围 $P_{max} \leqslant 700$ N），分 4~6 级加载。

（5）根据加载方案，调整好实验加载装置。

（6）加载。均匀缓慢加载至初载荷 P_0，记下各点应变的初始读数；然后分级等增量加载，每增加一级载荷，依次记录各点电阻应变片的应变值，直到最终载荷。实验至少重复两次。

（7）做完实验后，卸掉载荷，关闭电源，整理好所用仪器设备，清理实验现场，将所用仪器设备复原，实验资料交指导教师检查签字。

（8）实验装置中，圆筒的管壁很薄，为避免损坏装置，注意切勿超载，不能用力扳动圆筒的自由端和力臂。

六、注意事项

（1）加载时要缓慢均匀，防止冲击，切勿超载。
（2）读取应变值时，应注意保持载荷稳定。
（3）各引线的接线柱必须拧紧，测量过程中不要触动引线，以免引起测量误差。

七、思考题

（1）测量单一内力分量引起的应变，可以采用哪几种桥路接线法？
（2）主应力测量中，45°直角应变花是否可沿任意方向粘贴？
（3）对测量结果进行分析讨论，误差的主要原因是什么？

八、实验报告式样

実験十五　薄壁圆筒在弯扭组合变形下主应力测定实验报告

1．实验目的

2．实验设备

3．实验数据

载荷（N）	P		100	200	300	400	500	600
	ΔP		100	100	100	100	100	
各测点电阻应变仪读数 $\mu\varepsilon$	m 点	$45°$	ε_P						
			$\Delta\varepsilon_P$						
			平均值						
		0	ε_P						
			$\Delta\varepsilon_P$						
			平均值						
		$-45°$	ε_P						
			$\Delta\varepsilon_P$						
			平均值						
	m' 点	$45°$	ε_P						
			$\Delta\varepsilon_P$						
			平均值						
		$0°$	ε_P						
			Δ_P						
			平均值						
		$-45°$	ε_P						
			$\Delta\varepsilon_P$						
			平均值						

122

载荷（N）		P	100	200	300	400	500	600
		ΔP	100	100	100	100	100	
电阻应变仪读数 $\Delta\mu\varepsilon$	弯矩 ε_M	ε_P						
		$\Delta\varepsilon_P$						
		平均值						
	扭矩 ε_n	ε_P						
		$\Delta\varepsilon_P$						
		平均值						

4．实验结果处理

（1）主应力及方向

m 或 m' 点实测值主应力及方向计算

$$\begin{array}{l}\sigma_1\\\sigma_3\end{array} = \frac{E(\varepsilon_{45°}+\varepsilon_{-45°})}{2(1-\mu)} \pm \frac{\sqrt{2}E}{2(1+\mu)}\sqrt{(\varepsilon_{45°}-\varepsilon_{0°})^2+(\varepsilon_{-45°}-\varepsilon_{0°})^2}$$

$$\tan 2\alpha_0 = \frac{(\varepsilon_{45°}-\varepsilon_{-45°})}{(2\varepsilon_{0°}-\varepsilon_{45°}-\varepsilon_{-45°})}$$

m 或 m' 点理论值主应力及方向计算：

$$\begin{array}{l}\sigma_1\\\sigma_3\end{array} = \frac{\sigma_x}{2} \pm \sqrt{\left(\frac{\sigma_x}{2}\right)^2+\tau_n^2}$$

$$\tan 2\alpha_0 = \frac{-2\tau_n}{\sigma_x}$$

（2）弯矩及扭矩

m—m' 实测值弯曲应力及剪应力计算

弯曲应力 $\qquad \sigma_M = E\cdot\overline{\varepsilon_M}$

剪应力 $\qquad \tau_n = \sigma_1 = \frac{E\cdot\overline{\varepsilon_n}}{(1+\mu)}$

弯矩 $\qquad M = E\overline{\varepsilon_M}W_z = \frac{E\pi(D^4-d^4)}{32D}\overline{\varepsilon_M}$

扭矩 $\qquad M_n = \frac{E\pi(D^4-d^4)}{16D(1+\mu)}\overline{\varepsilon_n}$

m—m'理论值弯曲应力及剪应力计算

弯曲应力 $\quad \sigma = \dfrac{32MD}{\pi(D^4 - d^4)}$

剪应力 $\quad \tau = \dfrac{16M_n D}{\pi(D^4 - d^4)}$

弯矩 $\quad\quad M = \Delta P \cdot L$

扭矩 $\quad\quad M_n = \Delta P \cdot a$

（3）实验值与理论值比较

m 或 m'点主应力及方向

比较内容		实验值	理论值	相对误差/%
m 点	σ_1/MPa			
	σ_3/MPa			
	α_0/（°）			
m' 点	σ_1/MPa			
	σ_3/MPa			
	α_0/（°）			

m—m'截面弯矩和扭矩

比较内容	实验值	理论值	相对误差/%
σ_M/MPa			
τ_n/ MPa			
M/N·m			
M_n/N·m			

5. 思考题

实验十六　材料弹性模量 E 和泊松比 μ 的测定实验

一、预备知识

1. 拉（压）杆的变形

1）纵向变形

拉（压）杆的原长为 L，受力变形后其长度变为 L_1，则杆的绝对伸长为

$$\Delta L = L_1 - L \tag{3-11}$$

绝对线变形 ΔL 的大小与原长度有关。为了更好地说明杆件变形的程度，引进相对线变形

$$\varepsilon = \frac{\Delta L}{L} \tag{3-12}$$

式中，ε 为相对线变形，是一个无量纲的量，表示单位长度的纵向变形（当沿杆长度均匀变形时），常称为纵向线应变，简称为线应变。当 ε 为正时，对应于拉伸，称为拉应变；当 ε 为负时，对应于压缩，称为压应变。

当沿杆长度为非均匀变形时，

$$\varepsilon_x = \lim_{\Delta x \to 0} \frac{\Delta \delta_x}{\Delta x} = \frac{\mathrm{d}\delta_x}{\mathrm{d}x} \tag{3-13}$$

2）横向变形

拉（压）杆在纵向变形的同时产生横向变形。设杆的原有横向尺寸为 d，受力变形后变为 d_1，故其横向变形为

$$\Delta d = d_1 - d \tag{3-14}$$

在均匀变形情况下，其相应的横向线应变为

$$\varepsilon' = \frac{\Delta d}{d} \tag{3-15}$$

由于压杆的 Δd 与其 ΔL 的符号相反，故横向线应变 ε' 与纵向线应变 ε 的正负号相反。

2. 胡克定律

对工程中常用的材料，经大量的实验表明，当杆内的应力不超过材料的某一极限（比例极限）时，力与变形之间存在以下关系

$$\Delta L \propto \frac{PL}{A}$$

引进比例常数 E，则

$$\Delta L = \frac{PL}{EA} = \frac{NL}{EA} \tag{3-16}$$

式中的比例常数 E 称为弹性模量，它表示材料在拉伸或压缩时抵抗弹性变形的能力，其量纲为[力]/[长度]^2，单位为帕。E 的数值随材料而异，是通过实验测定的。

E_A 称为杆的抗拉（抗压）刚度，对于长度相等且受力相同的拉（压）杆，其抗拉（压）刚度越大，则杆件的变形越小。

把 $\sigma = N/A$ 和 $\varepsilon = \Delta L/L$ 代入上式，则得

$$\varepsilon = \frac{\sigma}{E} \tag{3-17}$$

式（3-16）与式（3-17）是胡克定律的两种不同的表达方式。前者是针对杆的，只适用于受轴向外力的杆件。后者是针对杆中一点的，而拉（压）杆中任一点的应力状态是单向应力状态，所以，凡是单向应力状态，式（3-17）均适用。

实验结果还表明，当拉（压）杆内的应力不超过材料的比例极限时，有

$$\mu = \left| \frac{\overline{\Delta \varepsilon'}}{\Delta \varepsilon} \right| \tag{3-18}$$

式中，μ 称为横向变形系数或泊松比，是一个无量纲的量，其数值随材料而异，也是通过实验测定的。

二、实验目的

（1）测定常用金属材料的弹性模量 E 和泊松比 μ。
（2）验证胡克（Hooke）定律。

三、实验设备及仪器

（1）组合实验台中拉伸装置；
（2）力&应变综合参数测试仪；
（3）游标卡尺、钢板尺。

四、实验原理及方法

试件采用矩形截面试件，电阻应变片布片方式如图 3-22 所示。在试件中央截面上，沿前后两面的轴线方向分别对称的贴一对轴向应变片 R_1、R_1' 和一对横向应变片 R_2、R_2'，以测量轴向应变 ε 和横向应变 ε'。

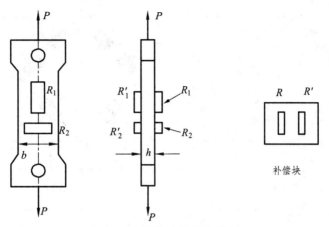

图 3-22 拉伸试件及布片图

1. 弹性模量 E 的测定

由于实验装置和安装初始状态的不稳定性，拉伸曲线的初始阶段往往是非线性的。为了尽可能减小测量误差，实验宜从一初载荷 $P_0(P_0 \neq 0)$ 开始，采用增量法，分级加载，分别测量在各相同载荷增量 ΔP 作用下，产生的应变增量 $\Delta\varepsilon$，并求出 $\Delta\varepsilon$ 的平均值。设试件初始横截面面积为 A_0，又因 $\varepsilon = \dfrac{\Delta l}{l}$，则有

$$E = \frac{\Delta P}{\Delta\varepsilon A_0} \tag{3-19}$$

式中　A_0——试件截面面积；

　　　$\Delta\varepsilon$——轴向应变增量的平均值。

上式即为增量法测 E 的计算公式。

用上述板试件测 E 时，合理地选择组桥方式可有效地提高测试灵敏度和实验效率。下面讨论几种常见的组桥方式。

1）单臂测量[见图 3-23（a）]

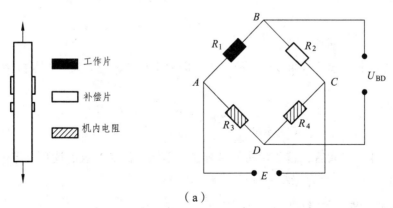

（a）

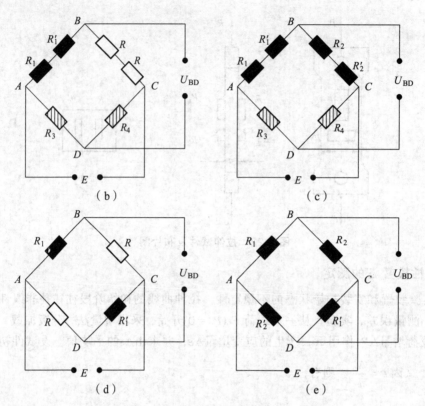

图 3-23　几种不同的组桥方式

实验时，在一定载荷条件下，分别对前、后两枚轴向应变片进行单片测量，并取其平均值 $\bar{\varepsilon} = \dfrac{\varepsilon_1 - \varepsilon_1'}{2}$。显然 $(\bar{\varepsilon}_n + \varepsilon_0)$ 代表载荷 $(\bar{P}_n + P_0)$ 作用下试件的实际应变量。而且 $\bar{\varepsilon}$ 消除了偏心弯曲引起的测量误差。

2）轴向应变片串联后的单臂测量[见图 3-23（b）]

为消除偏心弯曲引起的影响，可将前后两轴向应变片串联后接在同一桥臂（AB）上，而邻臂（BC）接相同阻值的补偿片。受拉时两枚轴向应变片的电阻变化分别为

$$\Delta R = \begin{matrix} \Delta R_1 + \Delta R_M \\ \Delta R_1 - \Delta R_m \end{matrix}$$

ΔR_M 为偏心弯曲引起的电阻变化，拉、压两侧大小相等方向相反。根据桥路原理，AB 桥臂有

$$\frac{\Delta R}{R} = \frac{\Delta R_1 + \Delta R_M + \Delta R_1' - \Delta R_M}{R_1 + R_1'} = \frac{\Delta R_1}{R_1}$$

因此轴向应变片串联后，偏心弯曲的影响自动消除，而应变仪的读数就等于试件的应变即 $\varepsilon_p = \varepsilon_d$，很显然这种测量方法没有提高测量灵敏度。

3）串联后的半桥测量[如图 3-23（c）]

将两轴向应变片串联后接 AB 桥臂；两横向应变片串联后接 BC 桥臂，偏心弯曲的影响可

自动消除，而温度影响也可自动补偿。根据桥路原理

$$\varepsilon_d = \varepsilon_1 - \varepsilon_2 - \varepsilon_3 + \varepsilon_4$$

其中，$\varepsilon_1 = \varepsilon_p$；$\varepsilon_2 = -\mu\varepsilon_p$，$\varepsilon_p$ 代表轴向应变，μ 为材料的泊松比。由于 ε_3、ε_4 为零，故电阻应变仪的读数应为

$$\varepsilon_d = \varepsilon_p(1+\mu)$$

$$\varepsilon_p = \frac{\varepsilon_d}{1+\mu}$$

如果材料的泊松比已知，这种组桥方式使测量灵敏度提高 $(1+\mu)$ 倍。

4）相对桥臂测量[见图 3-23（d）]

将两轴向应变片分别接在电桥的相对两臂（AB、CD），两温度补偿片接在相对桥臂（BC、DA），偏心弯曲的影响可自动消除。根据桥路原理

$$\varepsilon_d = 2\varepsilon_p$$

测量灵敏度提高 2 倍。

5）全桥测量

按图 3-23（e）的方式组桥进行全桥测量，不仅消除偏心和温度的影响，而且测量灵敏度比单臂测量时提高 $2(1+\mu)$ 倍，即

$$\varepsilon_d = 2\varepsilon_p(1+\mu)$$

2. 泊松比 μ 的测定

利用试件上的横向应变片和纵向应变片合理组桥，为了尽可能减小测量误差，实验宜从初载荷 $P_0(P_0 \neq 0)$ 开始，采用增量法，分级加载，分别测量在各相同载荷增量 ΔP 作用下，横向应变增量 $\Delta\varepsilon'$ 和纵向应变增量 $\Delta\varepsilon$。求出平均值，按定义

$$\mu = \left| \frac{\overline{\Delta\varepsilon'}}{\overline{\Delta\varepsilon}} \right|$$

便可求得泊松比 μ。

五、实验步骤

（1）设计好本实验所需的各类数据表格。

（2）测量试件尺寸。在试件标距范围内，测量试件三个横截面尺寸，取三处横截面面积的平均值作为试件的横截面面积 A_0。

（3）拟定加载方案。先选取适当的初载荷 P_0（一般取 $P_0 = 10\% P_{max}$ 左右），估算 P_{max}（该实验载荷范围 $P_{max} \leqslant 5\,000\,\text{N}$），分 4～6 级加载。

（4）根据加载方案，调整好实验加载装置。

（5）按实验要求接好线（为提高测试精度建议采用图 3-23（d）所示相对桥臂测量方法，纵向应变 $\varepsilon_d = 2\varepsilon_p$，横向应变 $\varepsilon'_d = 2\varepsilon'_p$），调整好仪器，检查整个测试系统是否处于正常工作状态。

（6）加载。均匀缓慢加载至初载荷 P_0，记下各点应变的初始读数；然后分级等增量加载，每增加一级载荷，依次记录各点电阻应变片的应变值，直到最终载荷。实验至少重复两次。相对桥臂测量数据填入表 3-3。其他组桥方式实验表格可根据实际情况自行设计。

（7）做完实验后，卸掉载荷，关闭电源，整理好所用仪器设备，清理实验现场，将所用仪器设备复原，实验资料交指导教师检查签字。

表 3-3　试件相关数据表

试件	厚度 h（mm）	宽度 b（mm）	横截面面积 $A_0 = bh$（mm²）
截面 I	4.8	30	
截面 II	4.8	30	
截面 III	4.8	30	
平均	4.8	30	
弹性模量 $E = 206$ GPa			
泊松比 $\mu = 0.26$			

六、注意事项

（1）加载时要缓慢均匀，防止冲击。
（2）读取应变值时，应注意保持载荷稳定。
（3）各引线的接线柱必须拧紧，测量过程中不要触动引线，以免引起测量误差。

七、思考题

（1）试件尺寸、形状对测定弹性模量 E 和泊松比 μ 有无影响？为什么？
（2）试件上应变片粘贴时与试件轴线出现平移或角度差，对试验结果有无影响？

八、实验报告式样

实验十六　弹性模量 E 和泊松比 μ 的测定实验报告

1. 实验目的

2．实验设备

3．实验数据

载荷（N）	P	1 000	2 000	3 000	4 000	5 000	6 000
	ΔP	1 000	1 000	1 000	1 000	1 000	
轴向应变读数 $\mu\varepsilon$	ε_d						
	$\Delta\varepsilon_{dp}$						
	$\Delta\varepsilon_d$ 平均值						
	$\Delta\varepsilon_p$						
横向应变读数 $\mu\varepsilon$	ε_d'						
	$\Delta\varepsilon_d'$						
	$\Delta\varepsilon_d'$ 平均值						
	ε_p						

4．实验结果处理

（1）弹性模量计算 $$E = \frac{\Delta P}{\Delta\varepsilon A_0}$$

（2）泊松比计算 $$\mu = \left|\frac{\overline{\Delta\varepsilon'}}{\overline{\Delta\varepsilon}}\right|$$

5．思考题

实验十七　偏心拉伸实验

一、预备知识

1. 组合变形和叠加原理

（1）基本变形：拉伸压缩、剪切、扭转、弯曲。

（2）组合变形：物件同时发生两种或两种以上基本变形情况称为组合变形。

2. 组合变形分析方法（简化叠加）

（1）载荷的简化和分解，把物件上的外力转化成几组静力等效载荷，其中每一组载荷对应着一种基本变形。

（2）分别计算每一基本变形各自引起的内力、应力、应变和位移，然后将所得结果叠加。

（3）叠加法建立在叠加原理的基础上：即材料服从胡克定律，在小变形前提下力与变形成线形关系。

3. 偏心拉伸

在工程实践上，零件或构件承受载荷时产生的变形往往是比较复杂，常有两种或两种以上的基本变形组合而成。当轴力不通过杆件截面的形心而产生拉伸（压缩）也引起杆弯曲和拉压的组合变形。

偏心拉伸可分解为横力弯曲与轴向拉伸的组合。其计算方法与前面的组合变形的计算方法类似。首先，将荷载分成横向力和轴向力两组，在每组荷载单独作用下，可分别求出内力、应力及变形（或位移），然后将其叠加，就可得组合变形下的应力及变形。

$$\sigma = \sigma_N + \sigma_M = \frac{N(x)}{A} + \frac{M(x)y}{I_z} \qquad （3\text{-}20）$$

二、实验目的

（1）测定偏心拉伸时最大正应力，验证迭加原理的正确性。

（2）分别测定偏心拉伸时由拉力和弯矩所产生的应力。

（3）测定偏心距。

（4）测定弹性模量 E。

三、实验设备及仪器

（1）组合实验台中拉伸装置；

（2）力＆应变综合参数测试仪；

（3）游标卡尺、钢板尺。

四、实验原理及方法

偏心拉伸试件，在外载荷作用下，其轴力 $N = P$，弯矩 $M = P \cdot e$，其中 e 为偏心距。根据选加原理，得横截面上的应力为单向应力状态，其理论计算公式为拉伸应力和弯矩正应力的代数和。即

$$\sigma = \frac{P}{A_0} \pm \frac{6M}{hb^2} \qquad\qquad (3\text{-}21)$$

偏心拉伸试件及应变片的布置方法如图 3-24 所示，R_1 和 R_2 分别为试件两侧上的两个对称点。则

$$\varepsilon_1 = \varepsilon_p + \varepsilon_M \ , \quad \varepsilon_2 = \varepsilon_p - \varepsilon_M$$

式中　ε_P——轴力引起的拉伸应变；

　　　ε_M——弯矩引起的应变。

根据桥路原理，采用不同的组桥方式，即可分别测出与轴向力及弯矩有关的应变值。从而进一步求得弹性模量 E、偏心距 e、最大正应力和分别由轴力、弯矩产生的应力。

可直接采用半桥单臂方式测出 R_1 和 R_2 受力产生的应变值 ε_1 和 ε_2，通过上述两式算出轴力引起的拉伸应变 ε_P 和弯矩引起的应变 ε_M；也可采用邻臂桥路接法直接测出弯矩引起的应变 ε_M，（采用此接桥方式不需温度补偿片，接线如图 3-25（a）所示）；采用对臂桥路接法可直接测出轴向力引起的应变 ε_P（采用此接桥方式需加温度补偿片，接线如图 3-25（b）所示）。

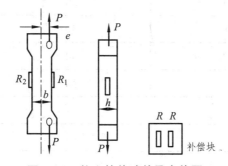

图 3-24　偏心拉伸试件及布片图

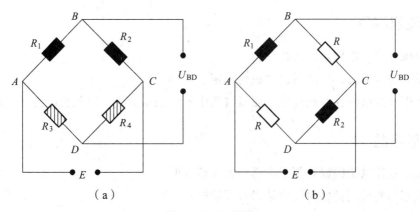

（a）　　　　　　　　　　　　　　（b）

图 3-25　接线图

五、实验步骤

（1）设计好本实验所需的各类数据表格。

（2）测量试件尺寸。在试件标距范围内，测量试件三个横截面尺寸，取三处横截面面积的平均值作为试件的横截面面积 A_0，见表 3-4。

（3）拟定加载方案。先选取适当的初载荷 P_0（一般取 $P_0 = 10\% P_{max}$ 左右），估算 P_{max}（该实验载荷范围 $P_{max} \leqslant 5\,000\,\text{N}$），分 4~6 级加载。

（4）根据加载方案，调整好实验加载装置。

（5）按实验要求接好线，调整好仪器，检查整个测试系统是否处于正常工作状态。

（6）加载。缓慢并均匀加载至初载荷 P_0，记下各点应变的初始读数；然后分级等增量加载，每增加一级载荷，依次记录应变值 ε_P 和 ε_M，直到最终载荷。实验至少重复两次。表 3-18 为半桥单臂测量数据表格，其他组桥方式实验表格可根据实际情况自行设计。

（7）做完实验后，卸掉载荷，关闭电源，整理好所用仪器设备，清理实验现场，将所用仪器设备复原，实验资料交指导教师检查签字。

表 3-4 试件相关数据

试件	厚度 h（mm）	宽度 b（mm）	横截面面积 $A_0 = bh$（mm²）
截面 I	4.8	30	
截面 II	4.8	30	
截面 III	4.8	30	
平均	4.8	30	
弹性模量 E = 206 GPa			
泊松比 μ = 0.26			
偏心距 e = 10 mm			

六、注意事项

（1）加载时要缓慢均匀，防止冲击。

（2）读取应变值时，应注意保持载荷稳定。

（3）各引线的接线柱必须拧紧，测量过程中不要触动引线，以免引起测量误差。

七、思考题

（1）偏心拉伸试验的误差都是由哪些方面造成的？

（2）采用不同桥路搭接对实验结果有无影响？

八、实验报告式样

实验十七 偏心拉伸实验报告

1．实验目的

2．实验设备

3．实验数据

载荷 （N）	P	1000	2000	3000	4000	5000	6000
	ΔP	1000		1000		1000		1000		1000
应变仪 读数 $\mu\varepsilon$	ε_1						
	$\Delta\varepsilon_1$						
	平均值						
	ε_2						
	$\Delta\varepsilon_2$						
	平均值						

4．实验结果处理

（1）求弹性模量 E

$$\varepsilon_p = \frac{\varepsilon_1 + \varepsilon_2}{2}, \quad E = \frac{\Delta P}{A_0 \varepsilon_p}$$

（2）求偏心距 e

$$\varepsilon_M = \frac{\varepsilon_1 - \varepsilon_2}{2}, \quad e = \frac{Ehb^2}{6\Delta P}\varepsilon_M$$

（3）应力计算

理论值

$$\sigma = \frac{P}{A_0} \pm \frac{6M}{hb^2}$$

实验值

$$\sigma_{\max} = E(\varepsilon_\mathrm{P} + \varepsilon_\mathrm{M}) , \quad \sigma_{\min} = E(\varepsilon_\mathrm{P} - \varepsilon_\mathrm{M})$$

5 . 思考题

实验十八　压杆稳定实验

一、预备知识

1．压杆稳定性的概念

稳定性：是指构件保持原有平衡形式的能力。

失稳：构件丧失了保持原有平衡形式的能力称为失稳，或构件丧失了保持稳定平衡能力的现象称为失稳。

临界力：使压杆失稳的最小荷载，称为临界力（从稳定平衡转化为不稳定平衡时所受的轴向压力）。

2．不同杆端约束时的临界力（细长杆）

（1）两端铰支

$$P_{cr} = \frac{\pi^2 EI}{L^2}$$

（2）两端固定

$$P_{cr} = \frac{\pi^2 EI}{(0.5L)^2}$$

（3）一端固定一端铰支

$$P_{cr} = \frac{\pi^2 EI}{(0.7L)^2}$$

（4）一端固定一端自由

$$P_{cr} = \frac{\pi^2 EI}{(2L)^2}$$

欧拉公式的统一表达形式为

$$P_{cr} = \frac{\pi^2 EI}{(\mu L)^2} \tag{3-22}$$

其中 μ 为长度系数；μL 称为压杆的相当长度，反映两端约束对临界力的影响。

二、实验目的

（1）用电测法测定两端铰支压杆的临界载荷 P_{cr}，并与理论值进行比较，验证欧拉公式。

（2）观察两端铰支压杆丧失稳定的现象。

三、实验设备及仪器

（1）组合实验台中压杆稳定实验部件；
（2）力＆应变综合参数测试仪；
（3）游标卡尺、钢板尺。

四、实验原理及方法

对于两端铰支，中心受压的细长杆，其临界力可按欧拉公式计算

$$P_{cr} = \frac{\pi^2 EI_{min}}{L^2}$$

式中　I_{min}——杠杆横截面的最小惯性矩，$I_{min} = \frac{bh^3}{12}$；

　　L——压杆的计算长度。

图 3-26（b）中 AB 线与 P 轴相交的 P 值，即为依据欧拉公式计算所得的临界力 P_{cr} 的值。在 A 点之前，当 $P<P_{cr}$ 时压杆始终保持直线形式，处于稳定平衡状态。在 A 点，$P = P_{cr}$ 时，标志着压杆丧失稳定平衡的开始，压杆可在微弯的状态下维持平衡。在 A 点之后，当 $P>P_{cr}$ 时压杆将丧失稳定而发生弯曲变形。因此，P_{cr} 是压杆由稳定平衡过渡到不稳定平衡的临界力。

实际实验中的压杆，由于不可避免地存在初曲率、材料不均匀和载荷偏心等因素影响，由于这些影响，在 P 远小于 P_{cr} 时，压杆也会发生微小的弯曲变形，只是当 P 接近 P_{cr} 时弯曲变形会突然增大，而丧失稳定。

实验测定 P_{cr} 时，可采用材料力学多功能实验装置中压杆稳定实验部件，该装置上、下支座为 V 型槽口，将带有圆弧尖端的压杆装入支座中，在外力的作用下，通过能上下活动的上支座对压杆施加载荷，压杆变形时，两端能自由地绕 V 型槽口转动，即相当于两端铰支的情况。利用电测法在压杆中央两侧各贴一枚应变片 R_1 和 R_2，如图 3-26（a）所示。假设压杆受力后如图所示向右弯曲情况下，以 ε_1 和 ε_2 分别表示应变片 R_1 和 R_2 左右两点的应变值，此时，ε_1 是由轴向压应变与弯曲产生的拉应变之代数和，ε_2 则是由轴向压应变与弯曲产生的压应变之代数和。

当 $P<<P_{cr}$ 时，压杆几乎不发生弯曲变形，ε_1 和 ε_2 均为轴向压缩引起的压应变，两者相等，当载荷 P 增大时，弯曲应变 ε_1 则逐渐增大，ε_1 和 ε_2 的差值也愈来愈大；当载荷 P 接近临界力 P_{cr} 时，二者相差更大，而 ε_1 变成为拉应变。故无论是 ε_1 还是 ε_2，当载荷 P 接近临界力 P_{cr} 时，均急剧增加。如用横坐标代表载荷 P，纵坐标代表压应变 ε，则压杆的 P-ε 关系曲线如图 3-26（b）所示。从图中可以看出，当 P 接近 P_{cr} 时，P-ε_1 和 P-ε_2 曲线都接近同一水平渐进线 AB，A 点对应的横坐标大小即为实验临界压力值。

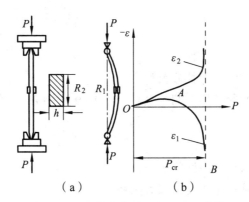

图 3-26 弯曲状态的压杆和 P-ε 曲线

五、实验步骤

（1）设计好本实验所需的各类数据表格。

（2）测量试件尺寸。在试件标距范围内，测量试件三个横截面尺寸，取三处横截面的宽度 b 和厚度 h，取其平均值用于计算横截面的最小惯性矩 I。

（3）拟定加载方案。加载前用欧拉公式求出压杆临界压力 P_{cr} 的理论值，在预估临界力值的 80%以内，可采取大等级加载，进行载荷控制。例如可以分成 4～5 级，载荷每增加一个 ΔP，记录相应的应变值一次，超过此范围后，当接近失稳时，变形量快速增加，此时载荷量应取小些，或者改为变形量控制加载，即变形每增加一定数量读取相应的载荷，直到 ΔP 的变化很小，出现四组相同的载荷或渐进线的趋势已经明显为止（此时可认为此载荷值为所需的临界载荷值）。

（4）根据加载方案，调整好实验加载装置。

（5）按实验要求接好线，调整好仪器，检查整个测试系统是否处于正常工作状态。

（6）加载分成两个阶段，在达到理论临界载荷 P_{cr} 的 80%之前，由载荷控制，缓慢均匀加载，每增加一级载荷，记录两点应变值 ε_1 和 ε_2；超过理论临界载荷 P_{cr} 的 80%之后，由变形控制，每增加一定的应变量读取相应的载荷值。当试件的弯曲变形明显时即可停止加载，卸掉载荷。实验至少重复两次，见表 3-5。

（7）做完实验后，逐级卸掉载荷，仔细观察试件的变化，直到试件回弹至初始状态。关闭电源，整理好所用仪器设备，清理实验现场，将所用仪器设备复原，实验资料交指导教师检查签字。

表 3-5　试件相关数据

试件参数及有关资料	截面Ⅰ	截面Ⅱ	截面Ⅲ	平均值
厚度 h（mm）	1.9	1.9	1.9	1.9
宽度 b（mm）	20	20	20	20
长度 L（mm）	318			
最小惯性矩	$I_{min} = bh^3/12$			
弹性模量	$E = 206$ GPa			

六、注意事项

（1）加载时要缓慢均匀，防止冲击。

（2）读取应变值时，应注意保持载荷稳定。

（3）各引线的接线柱必须拧紧，测量过程中不要触动引线，以免引起测量误差。

七、思考题

（1）临界载荷是在什么情况下测得的？

（2）失稳后，变形与载荷是否还是线性关系？

八、实验报告式样

实验十八 压杆稳定实验报告

1．实验目的

2．实验设备

3．实验数据

载荷 P/N	应变仪读数/ $\mu\varepsilon$

4．实验结果处理

（1）用方格纸绘出 $P_j\text{-}\varepsilon_1$ 和 $P_j\text{-}\varepsilon_2$ 曲线，以确定实测临界力 $P_{cr实}$。

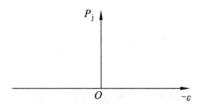

（2）理论临界力 $P_{cr理}$ 计算

试件最小惯性矩 $I_{min} = \dfrac{bh^3}{12} = \underline{\hspace{4cm}} \text{m}^4$

试件长度　　　$L = \underline{\hspace{5cm}} \text{m}$

理论临界力　　$P_{cr理} = \dfrac{\pi^2 EI_{min}}{L^2}$

（3）实验值与理论值比较

实验值 $P_{cr实}$	
理论值 $P_{cr理}$	
误差百分率（%）$\lvert P_{cr理} - P_{cr实} \rvert / P_{cr理}$	

5．思考题

参考文献

[1] 卢存光，谢进，罗亚林. 机械原理实验教程[M]. 成都：西南交通大学出版社，2007.

[2] 朱聘和，王庆九，汪久根，等. 机械原理与机械设计实验指导书[M]. 杭州：浙江大学出版社，2010.

[3] 王世刚，胡宏佳. 机械原理与设计实验[M]. 哈尔滨：哈尔滨工程大学出版社，2004.

[4] 王为，喻全余. 机械原理与设计实验教程[M]. 武汉：华中科技大学出版社，2011.

[5] 单辉祖. 材料力学（I）[M]. 北京：高等教育出版社，1999.

[6] 徐名聪. 机械基础实验教程. 北京：中国计量出版社，2010.

[7] 杨伯源. 材料力学（I）[M]. 北京：机械工业出版社，2001.

[8] 贾有权. 材料力学实验[M]. 北京：高等教育出版社，1984.

[9] 王杏根等. 工程力学实验[M]. 武汉：华中科技大学出版社，2002.

[10] 张如一. 应变电测与传感器[M]. 北京：清华大学出版社，1999.

[11] 刘鸿文，吕荣坤. 材料力学实验[M]. 北京：高等教育出版社，1998.

[12] 杨昂岳，毛笠泓，夏宏玉. 实用机械原理与机械设计实验技术[M]. 长沙：国防科技大学出版社，2009.